EN LASSEN

und

wirtschaftet

INHALT

STUFE 4
ZEIT DER IGNORANZ
NUTZEN. EXPERTE
WERDEN

STUFE 1
IN BEWEGUNG
SETZEN

STUFE 3
STARKEN IMPULS
SETZEN, DER DIE
WEICHEN RICHTUNG
ZUKUNFT STELLT

STUFE 2
NEUE IDEE NICHT
GLEICH DER ÖKONOMIE
OPFERN

STUFE 5
MITSTREITER
FINDEN. VORSPRUN
AUSBAUEN

 11

 15

 35

 83

 101

STUFE 10
ES GIBT KEIN ZURÜCK
MEHR, NUR EIN
KONSEQUENTES NACH
VORN

STUFE 7
VERTRAUEN HABEN:
DER ERSTE DURCH-
BRUCH KOMMT

STUFE 11
FLIEGEN
LASSEN

STUFE 6
E IDEE ZU ENDE
ENKEN. VOR-
RUNG WEITER
AUSBAUEN

STUFE 9
KEINE ANGST
VOR NACHAHMERN
HABEN

STUFE 8
DINGE SICH
ENTWICKELN
LASSEN

 119

 129

 141

 149

 165

 175

VORWORT

»Wollen wir möglichst viel Geld verdienen und
damit etwas Sinnvolles leisten, Geld spenden,
Stiftung gründen? Oder wollen wir möglichst viel
Sinnvolles leisten und damit Geld verdienen?«

Insekten können einen ziemlich plagen. Wie Fruchtfliegen, die im Sommer unsere Obstteller erobern. Oder Mücken, die uns nachts nicht schlafen lassen. Insofern habe ich mir keine großen Gedanken gemacht, als ich 1995 den Betrieb meiner Eltern übernehmen durfte. Ein mittelständisches Unternehmen in Bielefeld, das Insektentötungsmittel für die Anwendung im Haus herstellt. Nicht gerade aufregend, aber doch gut und richtig.

Wie meine Branchenkollegen, die sich mitunter um viel größere Probleme kümmern – Kahlfraß von Wäldern und Ernten, Übertragung gefährlicher Krankheiten – haben auch wir immer neue Lösungen entwickelt, den »Ungeziefern« zu Leibe zu rücken. Möglichst effizient und preiswert. Gedanken über den Wert von Insekten: Fehlanzeige. Wissen über Insektenrückgänge: nicht vorhanden. Schließlich wurden damals nur die negativen Auswirkungen der Sechsbeiner in den Medien beschrieben. Studien zum Insektensterben schafften es erst Ende 2017 an die Oberfläche.

Wie gesagt, ich habe darin kein Problem gesehen, bis ich 2011 mit einer aus meiner Sicht innovativen Fliegenfalle zu den Schweizer Konzeptkünstlern Frank und Patrik Riklin ging. Eigentlich wollte ich nur eine originelle Idee, um mein neues, insektizidfreies Tötungsprodukt schneller in die Regale der großen Händler zu bekommen. Doch stattdessen sagten mir die beiden offen ins Gesicht: Deine Produkte sind einfach nur schlecht. Wie viel Wert hat eine Fliege für dich? Anstatt Insekten zu töten, musst du Insekten retten!

Diese drei Sätze haben meine Welt aus den Angeln gerissen. Wie gerne hätte ich versucht, die aufgestoßenen Türen wieder zu verschließen. Doch schließlich habe ich mich der unbequemen Realität gestellt und mein Geschäftsmodell aus einer neuen Perspektive betrachtet: Was mache ich eigentlich den ganzen Tag? Woher nehme ich das Recht, im großen Stil Insektentötungsprodukte herzustellen und Nutzer zu ermutigen, sie anzuwenden – ohne darüber aufzuklären, welcher immense Schaden dabei entsteht? Was läuft nicht nur bei mir falsch, sondern auch bei meinen Mitstreitern?

Inzwischen hat meine Branche für so gut wie jedes Insektenproblem eine Lösung parat. Die Umsätze zeigen seit Jahrzehnten nach oben oder sind zumindest stabil. Doch anstatt sich zufriedenzugeben, versuchen alle krampfhaft weiterhin auf Wachstumskurs zu bleiben. Nur, wie schafft man das, wenn der Markt gesättigt ist und die Kunden nicht mehr Produkte brauchen? Man verführt. Redet Menschen Bedürfnisse ein, von denen sie nicht wussten, dass sie sie überhaupt haben. Indem man Produkte

FÜR UNVERZICHTBAR ERKLÄRT, Insekten sind schädlich und eklig, wir helfen Ihnen, Ihr Heim zu verteidigen, Ihre Familie zu schützen;
VERHERRLICHT, jetzt mit angenehmem Duft, besonders lang anhaltender Wirkung, extrabreitem Wirkspektrum und Powerspezialdüse, die bereits aus vier Metern Entfernung trifft;
BILLIGER ANBIETET, gerne auch im Doppel-Sparpaket.

Ein insektizidhaltiges Insektenspray mit 400 Milliliter Inhalt ist im deutschen Handel für 1,25 Euro inklusive 19 Prozent Mehrwertsteuer zu haben. Ein insektizidhaltiges Mottenpapier mit 20 Blatt gibt es für 95 Cent. Bei solchen Preisen überlegt der Kunde nicht lange. Er greift zu – für alle Fälle.

Wenn wir ehrlich sind, hat sich schon lange das Sinnverhältnis verschoben: vom sinnvollen Produktangebot hin zum Überkonsum. Das gilt nicht nur für meine Branche.

Städte kollabieren unter zu viel Verkehr – Automobilhersteller bewerben ihre immer größeren und schwereren Fahrzeuge mit glücklichen Familien und unberührter Natur.

Jedes Jahr landen allein in Deutschland 1,3 Millionen Tonnen an Kleidung nur in der Resteverwertung, Tendenz weiter steigend[1] – Fast-Fashion-Konzerne fluten ihre Shops alle paar Wochen mit neuer, billigst produzierter Trendware ...

Wer hier auf den kritischen, aufgeklärten Kunden setzt, der durch sein Einkaufsverhalten den Markt in seine Schranken weisen wird, macht es sich zu einfach. Wir alle wissen: Kunden lassen sich verführen. Weil sie letztlich unseren Botschaften Glauben schenken wollen – und darauf vertrauen, dass schon alles seine Richtigkeit hat. Dass das Unternehmen verantwortungsvoll und vorausschauend handelt, kurz: seinen Job macht.

Dass dieses Vertrauen nicht komplett aufgebraucht ist, liegt daran, dass die Auswirkungen hier bei uns noch nicht in aller Konsequenz und Härte zu spüren sind. Die wahren ökologischen und sozialen Kosten für unsere Produkte haben wir im großen Stil externalisiert. Doch der Wind dreht sich. Nicht nur Jugendliche sagen uns, dass wir für ihre Zukunft noch etwas übrig lassen sollen, sondern auch der gesunde Menschenverstand. Der aktuelle Ressourcenverbrauch unserer Gesellschaft liegt bei 2,5 Erden – wir haben nur eine. Ich möchte nicht ins Horn jener stoßen, die seit Jahren das Zeitalter der Postwachstumsökonomie und des großen Verzichts ausrufen. Wir müssen nicht *weniger* wirtschaften und wachsen, sondern *anders!* Sinnlos aufgeblasene Märkte zurückdrängen und stattdessen neue nachhaltigkeitsorientierte Märkte aufbauen. Dafür benötigen wir unser ganzes unternehmerisches Geschick. Kopf, Herz und Hand. Und den Mut, Erfolg neu zu definieren und dabei Inhalt über Geld zu stellen, Sinn vor Kommerz.

In diesem Buch lasse ich die vergangenen zehn Jahre Revue passieren. Von der Entwicklung einer insektizidfreien Fliegenfalle über die Begegnung und die Zusammenarbeit mit den Künstlern Frank und Patrik Riklin und unserer gemeinsamen Aktion *Fliegen retten in Deppendorf*, bis hin zur Anlage insektenfreundlicher Kompensationsflächen, der Etablierung des Gütesiegels »Insect Respect« und der Präsentation einer weltweit einzigartigen Lebendfalle für Fliegen.

---

1   Bundesverband Sekundärstoffe und Entsorgung (BSVE), 2019

Meine Transformation vom Insektentöter zum Insektenretter ist noch nicht abgeschlossen. Ich befinde mich auf dem Weg. Ob es gelingen wird? Ich bin zuversichtlich, doch es gibt keine Sicherheit. Aber was ist schon sicher? Im Grunde nur, dass wir uns verrannt haben. Unendliches Wachstum in einer endlichen Welt sorgt nicht für mehr Wohlstand und Wohlergehen, sondern für Verarmung an Natur, Leben und Sinn.

Mein ganz besonderer Dank gilt den beiden Künstlern Frank und Patrik Riklin. Sie haben mir nicht nur die Augen geöffnet. Sie haben mir auch gezeigt, dass wirklich Neues nur dann entsteht, wenn man sich ganz und gar einlässt und einen Weg zu Ende geht, von A bis Z.

Insofern ist dieses Buch eine Ode an die Insekten, die so viel für uns Menschen und unseren Planeten leisten; an ein Unternehmertum, das Zahlen und Bilanzen hinter Ethik, Haltung und Aufrichtigkeit rückt; und an die Kunst, die uns den Wahnsinn, den wir uns jeden Tag leisten, als solchen erkennen lässt.

Anmerkung: In der folgenden Transformationsgeschichte haben wir die Namen einiger Protagonisten geändert.

2010

OKTOBER Nach drei Jahren Entwicklungsarbeit halte ich etwas in Händen, das wirklich funktionieren könnte. Eine Fliegenfalle, der man auf den ersten Blick nicht ansieht, dass sie eine Fliegenfalle ist. Weil eine bunte Scheibe die Klebefläche verdeckt, an der die Tiere haften bleiben und verenden. Insekten sollen im Verborgenen sterben. Das wünschen sich unsere Kunden.
Begeistert zeige ich meinem Bruder Arne den Prototypen. Seit Anfang der 1990er-Jahre kümmern wir uns gemeinsam um das Unternehmen unserer Eltern. Mein Bruder als Allrounder in Produktion und Verwaltung, ich als Geschäftsführer. Der Hauptsitz ist mit 50 Mitarbeitenden in Bielefeld, der zweite Standort mit zehn Mitarbeitenden im schweizerischen Teufen, knapp zehn Kilometer von St. Gallen entfernt. Im Grunde läuft alles super. Seit Jahren geht es mit dem Umsatz bergauf. Neben unserer Hausmarke *recozit*, die wir exklusiv an kleine Fachhändler verkaufen, wächst unser zweites Standbein »Handelsmarken« besonders gut. Für große Handelshäuser stellen wir Fliegenfänger, Insektenspray, Mottenpapier und Ameisenköder her, die sie dann unter ihrem eigenen Namen verkaufen.
»Das neue Produkt besteht aus drei Komponenten«, sage ich zu Arne. »Hier die runde Fangscheibe aus festem Polystyrol mit einem rückseitigen Klebestreifen fürs Anbringen am Fenster. Die Scheibe ist nicht mehr transparent wie bei unseren Vorgängern, sondern gelb. Gelb lockt Fliegen besonders gut an. Außerdem hat die Scheibe in der Mitte ein Loch für einen Saugnapf, auf dem eine Abdeckscheibe steckt.«

SONNENLICHT LÄSST DIE FALLE LEUCHTEN

Arne nimmt die Fliegenfalle in die Hand und sieht, dass die Innenseite der Abdeckscheibe, also die Seite zum Fenster, wie ein Spiegel silbern eingefärbt ist. So wird das Sonnenlicht reflektiert, die gelbe Fangscheibe fängt an zu leuchten und lockt dadurch noch schneller Fliegen an. »Wenn das funktioniert, Hans, dann ist das sensationell. Die Leute werden das kaufen! Lass uns die Wirksamkeit von Herrn Bucher in dem Schweizer Labor prüfen.«

Wer sich mit Insekten beschäftigt, merkt schnell: Es gibt unglaublich viele ARTEN – die eine Million, die wissenschaftlich beschrieben ist, macht nicht einmal die Hälfte aus, vielleicht sogar nur ein Zehntel. Keine andere Tiergruppe kommt auf eine so gigantische Zahl.

Wie es den Tieren geht, hängt von vielen Faktoren ab: Wo leben sie, wie entwickeln sich Temperaturen und Feuchtigkeit vor Ort, finden sie genug zu fressen und Plätze zum Vermehren, und was machen ihre natürlichen Feinde?

Klimawandel und Internationalisierung des Waren- und Personenverkehrs sorgen dafür, dass in manchen Regionen die Zahl bestimmter Insekten zunimmt. Gleichzeitig werden die Sechsbeiner immer stärker bekämpft und aus ihren natürlichen Lebensräumen verdrängt. Wiesen werden versiegelt für immer neue Häuser, Straßen und Einkaufszentren. Zudem werden Wälder abgeholzt, Moore trockengelegt und Felder monokulturell bepflanzt – wenn überhaupt finden Insekten dort nur saisonal Futter.

Zahlreiche Studien belegen, dass die Gesamtzahl der Insekten stark rückläufig ist. Allein in Westeuropa haben wir in den vergangenen 50 Jahren die Hälfte der Biomasse an Insekten verloren. Rund 40 Prozent der Insektenarten sind gefährdet und fünf Prozent bereits ausgestorben.

Vermutlich ist die Lage aber noch ernster. Mehrere Studien konnten zeigen, dass Insekten nicht sofort sterben, es dauert mitunter Jahre, bis Arten schwinden und irgendwann ganz verschwunden sind. Insofern bilden die heutigen Zahlen nur die Vergangenheit ab – die Auswirkungen unseres gegenwärtigen Handelns ist bis dato unbekannt.

DEZEMBER Kurz vor Weihnachten liegen die Testergebnisse vor: Volltreffer. Unser Produkt fängt die Fliegen schneller als die beiden großen Markenprodukte. Jetzt brauchen wir nur noch die richtige Vermarktung. Wieder treffe ich mich mit Arne, um die nächsten Schritte zu besprechen.

»Als Erstes solltest du das Produkt patentieren lassen«, sagt mein Bruder und stellt fest: »Die Fliegenfalle wäre das erste Patent in unserer Firmengeschichte.«

»Und dann?«

»Vielleicht als Handelsmarke für unseren Kunden Aldi? Der Discounter würde uns schnell große Mengen abnehmen können.«

»In Bezug auf einen kurzfristigen Erfolg hast du recht. Aber schon nach kurzer Zeit geht es wieder nur um den Preis und wir verdienen kein Geld. Wenn aber das Produkt so gut ist, wie wir es erwarten, dann kann es uns eine ganz neue Tür öffnen. Ich meine, eine neue, eigene Marke: insektizidfrei und zeitgemäß.«

STUFE 2
NEUE IDEE NICHT GLEICH DER ÖKONOMIE OPFERN

2011

FEBRUAR Unsere Freundin Agathe Nisple ist Kulturvermittlerin. Über sie haben meine Frau Julianne und ich schon vor einigen Jahren Frank und Patrik Riklin kennengelernt. Die beiden Schweizer Konzeptkünstler haben bereits 2008 eine unterirdische Zivilschutzanlage in ein *Null Stern Hotel* verwandelt: Als Antithese zum Größen- und Luxuswahn kokettieren sie mit dem Sternesystem der Hotellerie, der Slogan: »Null Stern – the only star is you«. Hört sich spannend an. Gemeinsam mit unseren drei Kindern besuchen wir die Kunstinstallation in der Nähe von St. Gallen.
Als wir ankommen, stehen die eineiigen Zwillinge vor der Bunkeranlage und warten auf uns. Herzliche Begrüßung. Tour durch die Zimmer. »Eine Gemeinde gab uns den Auftrag, ihre ungebrauchte Bunkeranlage nutzbar zu machen«, erklärt Frank. »Das Ziel war, mit einfachsten Mitteln eine attraktive Übernachtungsmöglichkeit zu schaffen. Wir erhielten ein Honorar für die Idee und ein kleines Budget für die Realisierung. Schaut euch um: Betten, Nachttische, Lampen – alle Gegenstände stammen von den Dachböden der Einwohner.«
Patrik schaltet einen kleinen Monitor ein, um uns einen anderthalbminütigen Beitrag über ihre Kunstaktion zu zeigen. Verrückt. Nach nur wenigen Wochen gibt es Medienberichte in über 160 Ländern, darunter sogar ein längerer Bericht in den US-amerikanischen Fernsehnachrichten von CNN. Dazu die Nominierung für einen weltweiten Hotelpreis und Reservierungen für die nächsten drei Jahre!

AUS NICHTS
NEUES SCHAFFEN

Zu Hause reden wir viel über das erstaunliche Hotelerlebnis, schauen uns im Internet Filme über die Aktion an. Ein Satz der beiden bleibt hängen: »Kunst ist die Freiheit, aus nichts etwas Neues zu schaffen«. Ich muss an meine Fliegenscheibe denken. Wäre eine Kunstaktion von den beiden nicht auch für unser Produkt genau das Richtige? Mit einfachsten Mitteln und wenig Geld haben sie eine enorme Reichweite erzielt. Ich frage Julianne, als Kunsthistorikerin hat sie viel mehr Ahnung als ich. Ihre Antwort: »Auch wenn sich die Zusammenarbeit mit den Riklins für dein Produkt nicht so richtig auszahlen sollte, sie ist sicherlich für dich persönlich ein Gewinn! Die beiden werden dich auf neue Gedanken bringen!«

MAI Frank und Patrik öffnen mir die einfache, weiße Holztür des *Atelier für Sonderaufgaben*, wie sie ihr Unternehmen nennen. Es befindet sich auf der dritten Etage eines alten Lagerhauses aus gelben und roten Backsteinen im Zentrum von St. Gallen. Der circa 100 Quadratmeter große Raum scheint mit seinen nackten weißen, über drei Meter hohen Wänden, den verstaubten Heizkörpern, den großen Holzfenstern und dem alten blau gestrichenen Holzboden in den industriellen 1930er-Jahren stehen geblieben zu sein. Überall Gegenstände aus vergangenen Kunstaktionen: Plakate, Fotos, Kleberollen, Stative. Eine alte orangefarbene Kinobestuhlung, ein schwarzes Ledersofa sowie eine mit künstlichem Kuhfell bezogene Chaiselongue bieten Sitzmöglichkeiten. Gleichzeitig finden sich in diesem abstrakten Chaos auch penibel kontrollierte Orte. Zwei mehrere Meter lange Regale aus dünnem Blech sind vollständig mit einheitlichen, akkurat beschrifteten Aktenordnern bestückt. Zwei aufgeräumte Schreibtische stehen sich mit größtmöglichem Abstand gegenüber.
Zuerst plaudern wir über diverse Dinge, dann will ich den beiden endlich sagen, warum ich eigentlich hier bin. Noch haben sie nämlich keine Ahnung.

»Beim *Null Stern Hotel* habt ihr doch den Auftrag von einer Gemeinde bekommen. Ich meine, die haben euch beauftragt, mit diesem Bunker eine Kunstaktion durchzuführen. Könnt ihr für mich nicht auch eine Kunstaktion machen?«

Was sind BIOZIDE?
Stoffe, die Algen, Pilze, Bakterien und Tiere anlocken oder abschrecken, unschädlich machen oder gar zerstören.

Wie viele Wirkstoffe sind in der Europäischen Union zugelassen?
Derzeit gibt es 160 Wirkstoffe, die auf der sogenannten Unionsliste stehen und damit in Biozidprodukten vorkommen dürfen (Stand: 03/2020). Hinzu kommen zahlreiche Altstoffe, die noch auf dem Markt sind und derzeit geprüft werden. Die Wirkstoffe sind unterteilt in drei Produktgruppen und 22 Produktarten: von Desinfektionsmittel für die menschliche Hygiene über Holzschutzmittel bis hin zu Einbalsamierung und Taxidermie von Mensch- und Tierkörpern. Insektizide bilden eine eigene Produktart mit derzeit 45 zugelassenen Wirkstoffen, die in der Regel das Nervensystem von Insekten zerstören oder ihr Exoskelett schädigen. Mittel, die Insekten und Tiere anlocken (Lockstoffe) beziehungsweise fernhalten (Repellentien) bilden ebenfalls eine eigene Produktart.

Wer bewertet die Sicherheit von Bioziden?
Zurzeit müssen die Produkte beim Bundesinstitut für Risikobewertung gemeldet werden. Die Zulassungsstelle in Deutschland ist die BAUA (Bundesanstalt für Arbeitsschutz und Arbeitsmedizin), genauer: die Bundesstelle für Chemikalien an der BAUA. Sie prüft die Gefährlichkeit und Wirksamkeit der Produkte und lehnt Zulassungsanträge ab oder bewilligt sie. In der Schweiz ist die Zulassungsstelle das Bundesamt für Gesundheit (BAG), in Österreich das Umweltbundesamt (UBA).

Wie viele Biozidprodukte werden pro Jahr verkauft?
Unbekannt. Hersteller müssen bislang keine Auskunft darüber geben, welche Mengen sie an Bioziden und Biozidprodukten herstellen, verkaufen beziehungsweise ins Ausland ausführen. Bekannt ist lediglich die Zahl an gemeldeten Biozidprodukten, die in Deutschland in den Verkaufsregalen stehen dürfen. Das waren im April 2020 über alle 22 Produktarten hinweg immerhin 70 000.[1]

1   Offizielle Zahlen des Umweltbundesamt (UBA)

»Das kommt auf den Kontext an. Wofür sollen wir eine Aktion machen?«, fragt Patrik.

»Ihr wisst, ich mache viel schlechte Chemie, aber unser neues Produkt ist insektizidfrei und wirklich gut. Ich habe euch den Prototypen mitgebracht.«

Zusammen mit unserer Werbeagentur haben wir in den letzten Monaten intensiv am Namen und an der Aufmachung unserer neuen Falle gearbeitet, sodass ich nun ein fertiges Produkt präsentieren kann. Behutsam stelle ich eine farbig gestaltete, 14 mal 14 Zentimeter große Faltschachtel auf den Tisch. Im oberen Teil befindet sich der rote Markenschriftzug FLIPPI. Er trägt ein halbrundes, rotes Dach mit weißen Punkten, unter dem mit schwarzen Buchstaben steht: »Der einzigartige Fliegenschirm.«

»Flippi steht für Fliegenpilz«, sage ich. »Der sympathische Pilz, der auch giftig ist. Wahrscheinlich ein zu spielerischer Name für ein Insektenbekämpfungsprodukt. Aber wir müssen auffallen. Und wir brauchen eine Geschichte. Mit dem Pilz, das hat schon was.«

Ich gehe zum Fenster und zeige mit Flippi in der Hand, wie unser Produkt funktioniert.

»Fliegen werden von Licht und Wärme angezogen. Es ist also nur eine Frage der Zeit, bis die Fliegen ans Fenster kommen. Und dann bleiben sie auf der Scheibe kleben. Flippi fängt die Insekten aber schneller als alle anderen Produkte auf dem Markt. Und der Clou ist die rot-weiße Abdeckung hier, damit man die toten Fliegen nicht sieht. Alles völlig neuartig und bereits zum Patent angemeldet.«

Ich mache eine Pause, um den beiden die Gelegenheit zu geben, etwas zu sagen. Keine Reaktion!

 WIE BEKOMME ICH MEIN NEUES PRODUKT VERKAUFT?

»Das Produkt ist super, aber die Frage ist: Wie bekomme ich es in die Regale der großen Händler? Als kleines Unternehmen habe ich kein Geld für Werbung. Und da dachte ich an die Kunst, an euch! Kurz: eine Art *Null Stern*

Hotel für die Fliegenscheibe. Ihr werdet schon auf eine tolle Idee kommen, die die Medien aufgreifen. Damit werden wir bekannt, und die Menschen wollen die Fliegenscheibe haben!«

Was ist los mit den beiden? Normalerweise sprudeln sie vor Ideen. Jetzt herrscht eisiges Schweigen.

»Der beste Zeitpunkt für die Kunstaktion wäre der Mai nächsten Jahres. Dann fängt die Fliegensaison richtig an und die Produkte stehen in den Regalen. Budget habe ich auch schon: Mehr als 100 000 Schweizer Franken darf die Realisierung der Idee nicht kosten. Aber das ist ja auch schon viel Geld. Und natürlich euer Honorar für die Idee. Hier habe ich alles auf einer Seite für euch zusammengefasst«, sage ich und übergebe den Künstlern ein Briefing.

Die beiden schauen sich regungslos die Packung an. Nach einigen Augenblicken sagt Frank:

»Wir müssen darüber nachdenken. Lass uns ein paar Tage Zeit, wir melden uns.«

JUNI Ich treffe mich mit den beiden Künstlern in ihrem Atelier. Drei Wochen nach meinem letzten Besuch haben sie mir ein ausführliches Vertragsangebot unterbreitet: Projekt Flippi, Idee und Konzeption zur Erleichterung des Markteintrittes. Der Preis schien mir gerechtfertigt, und ich habe die Avantgardisten beauftragt. Nun bin ich auf ihre Gedanken gespannt.

 DEIN PRODUKT IST EINFACH NUR SCHLECHT

»Wir haben lange über Flippi nachgedacht«, beginnt Frank. »Aber schließlich haben wir festgestellt, dass das Produkt einfach nur schlecht ist. Flippi tötet Fliegen! Aus ethischen Gründen können wir Produkte, die töten, nicht unterstützen. Es tut uns leid. Das Honorar musst du natürlich nicht zahlen.«

Was soll ich darauf sagen? Noch immer sehe ich die Objekte aus den vergangenen Kunstaktionen, die Plakate, Fotos, Kleberollen und Stative.

Aber ich begegne ihnen mit einer geistigen Leere. Ich kann nicht denken. Nichts fühlen.

»Moment! Nicht so schnell!«, sage ich, um Zeit zu gewinnen.

»Das Fliegenbekämpfungsprodukt ist uns von Anfang an unsympathisch gewesen. Wir wollten dir erst auch kein Angebot unterbreiten«, erklärt Patrik. »Der Auftrag hat uns richtig gequält. Warum müssen die Leute unbedingt so viele Insekten töten? Insekten sind nützliche Tiere. Uns als Künstler interessiert das zwiespältige Verhältnis zwischen Mensch und Insekt. Hans, wie viel Wert hat eine Fliege für Dich als Insektentöter?«

Ich vernehme Patriks Worte nur im Unterbewusstsein. Die beiden Künstler treffen mich spürbar. Sie haben ja recht! Töten ist nicht gut, nicht richtig. Da ich überhaupt nicht reagiere, fährt Frank fort:

»Bei der Auseinandersetzung mit Flippi ist uns eine Produktidee gekommen. Statt zu töten, kann man die Fliegen doch wieder in die Natur entlassen. Uns schwebt eine Art Katzenklappe für Fliegen vor.«

Patrik rollt ein großes Blatt aus, das eine millimetergenaue Darstellung ihrer Idee zeigt: ein Fenster, in das eine Art Lebendfalle eingebaut ist. Die Fliegen

- Wie viel CO_2 sparen Sie ein?
- Haben Sie keine Photovoltaik-Anlage auf dem Dach?
- Auch keine wärmegedämmten Fenster?

Es stimmt. Mein Unternehmen hat das alles nicht. Und die Antwort auf die Frage »Warum« ist eigentlich ganz einfach:

So lange unsere Produkte einen solch negativen Impact auf die Natur und unser aller Leben haben, werden wir uns vor allem darauf fokussieren, unsere Produkte zu ökologisieren, zu kompensieren, zu reduzieren oder gleich ganz vom Markt zu nehmen. Nur sinnvolle Angebote führen zu einer wirklich ausgeglichenen ökologischen Bilanz. (→ R)

werden durch meinen Lockschirm angezogen und in einem dahinterliegenden kleinen Kasten aus Holz oder Metall gefangen. Dieser wird dann anschließend durchs Fenster nach draußen geschoben.

»Wow! Sagenhaft. Sensationell. Gekauft«, sage ich. »Aber für meine Absatzkanäle viel zu teuer! Das ist etwas für die Fensterbranche.«

Ich brauche dringend eine Pause. Ich stehe auf, gehe ein wenig durch die riklinsche Ideenschmiede und bitte Frank um einen Kaffee.

Nach wenigen Minuten, in denen wir kaum sprechen, sitzen wir uns wieder am acht Meter langen, schmalen Holztisch gegenüber.

»Euer Fensterprodukt ist super. Respekt. Das wäre etwas für die Zukunft, wenn wir mit Fensterherstellern zusammenarbeiten würden. Aber habt ihr nicht vielleicht doch eine Idee für Flippi?«

»Wenn du unbedingt eine Kunstaktion haben möchtest«, sagt Frank, »dann empfehlen wir dir, die Welt umzudrehen: Du als Insektizidhersteller rettest Fliegen!«

»Bitte? Was meinst du?«, frage ich.

»In Zusammenarbeit mit einem Handelsunternehmen veranstalten wir in dessen Verkaufsfilialen einen Wettbewerb, bei dem die Kunden uns lebende Fliegen bringen und damit die Tiere retten. Als Belohnung für die Teilnehmenden gibt es einen Flug in die Sonne nach Spanien. Natürlich mit einer Fliege, versteht sich. Die Fliege bekommt ihr eigenes Ticket und damit ihren eigenen Sitzplatz. Denn nur wenn das Insekt genauso wie ein Mensch behandelt wird, entsteht eine neue Art der Beziehung, etwas Besonderes. Das Ganze nennen wir: Flippi – die größte Fliegenrettungsaktion der Welt.«

Patrik hält ein eigens kreiertes Plakat hoch, das eine Lufthansa-Düsenmaschine zusammen mit dem Slogan zeigt:

Rette 3 Fliegen und du fliegst mit einer Fliege für 1 Woche an den Strand! FlippiAirLine – ein ausgeflippter Reisewettbewerb zwischen Mensch und Insekt.

»Wir könnten die Menschen mit der Frage konfrontieren: Wie viel Wert hat eigentlich eine Fliege? Mit der Aktion machen wir auf den ökologischen Nutzen von Insekten aufmerksam – und du wirst bekannt, weil die Polarisierung mit dir als Retter für die Medien interessant ist.«

Vier Augen schauen mich an. Ich kann meine Gedanken und Gefühle nicht verstehen und erst recht nicht kontrollieren. Mein Kopf nickt. Ihre Arbeit ist großartige Konzeptkunst. Und sie würde von mir nicht nur in Auftrag gegeben. Ich würde in dem Werk sogar eine entscheidende Rolle spielen. Zehn Sekunden später lande ich zurück in der Realität. Meine Stimme klingt hart. Aber auch irgendwie bedrückt. »Ich verstehe eure Arbeit und bin beeindruckt. Ihr habt es tatsächlich geschafft, eine Kunstidee für Flippi zu entwickeln. Aber es ist verrückt, Fliegen zu retten, die Idee richtet sich direkt gegen meine Produkte.«

»Wir haben geahnt, dass du die Rettungsaktion nicht veranstalten möchtest und haben völliges Verständnis für dich«, sagt Frank und weist trotzdem noch einmal auf die evident notwendige Umkehr hin, Fliegen zu retten anstatt sie zu töten. Ich fühle mich als spießbürgerlicher Spielverderber und verabschiede mich.

Auf der Autofahrt nach Hause denke über Fliegenretten nach. Frank und Patrik haben mich tief getroffen, sehr tief. Und die beiden müssen in den letzten Wochen in einem Dilemma gewesen sein. Auf der einen Seite suchten sie nach einer gefälligen und leicht zugänglichen Idee, die von mir als konservativem Geschäftsmann umgesetzt werden kann. Auf der anderen Seite wollten sie sich als Künstler nicht beeinflussen lassen. Es durfte nicht darum gehen, was ein Unternehmer als schön und stimmig empfindet. Die beiden blieben sich selbst treu. Und nahmen in Kauf, dass ich ihren Vorschlag nicht realisieren würde.

Aber ist ihre Idee nicht genau das, was ich will? Will ich nicht endlich etwas Sinnvolles, das noch keiner vorher gedacht und gemacht hat? Fängt die Kunst nicht exakt dort an, wo das Wohlgefühl aufhört? Habe ich nicht von den Künstlern genau das erwartet, wozu andere keinen Mut haben? Kunst und Wirtschaft sind eben nicht zwei Welten, die sich nie begegnen dürfen. Nein, Kunst kann Wirtschaft Türen öffnen zu Veränderungsprozessen, die die Unternehmen selbst gar nicht denken, geschweige denn umsetzen können. Bis hierher.

FLIEGE INS FLUGZEUG SETZEN. ABSURD.

Es folgt eine lange Diskussion mit meiner Frau, eine schlaflose Nacht, ein unruhiger Tag im Büro und noch eine Auseinandersetzung mit meiner Frau. Sie teilt meine Meinung. Vermutlich würde kein Mensch verstehen, dass ausgerechnet ich Fliegen retten will. Und dann noch eine Fliege ins Flugzeug setzen! Absurd! Trotzdem geht es in meinem Kopf hin und her.

Denk an die Finanzen! Die Medien werden bestimmt aufgrund der ungewohnten Polarisierung mit mir als Fliegenretter bundesweit berichten. Unser Produkt wird bekannt und daher mit großem Interesse vom Handel und später vom Konsumenten gekauft werden. Die notwendige Investition von 100 000 Franken ist ein Schnäppchen.

Denk an die Mitarbeiter! Was werden sie zu der Rettungsaktion sagen? Und was werden Kunden, Lieferanten, Banken, Behörden, Nachbarn über uns denken? Wie deuten mein Bruder und seine Familie und meine Eltern die Aktion? Ist es ein Widerspruch: Hersteller von Insektenbekämpfungsprodukten zu sein und Fliegen zu retten? Stelle ich damit nicht mein Geschäft komplett infrage?

Denk an die Insekten! Wie viele Fliegen, Mücken, Motten und Ameisen habe ich inzwischen auf dem Gewissen! Nicht ich persönlich, aber meine Produkte töten. Das ist ethisch nicht korrekt. Woher nehme ich mir das Recht dazu? Ich muss zurückgeben! Gerade ich, dessen seriell hergestellte Produkte massenweise Insekten bekämpfen, muss mich endlich für Insekten einsetzen! Wenigstens einmal?

Fliegenretten fühlt sich auf einmal so verdammt gut und richtig an.

Nach einer zweiten schlaflosen Nacht rufe ich am Morgen im Atelier an und sage nur zwei Worte:

»Wir realisieren!«

Frank und Patrik sind sprachlos.

AUGUST Ich besuche die Schweizer Oase für Sonderaufgaben, um die ersten Schritte der Aktion »Fliegen retten« zu besprechen. Patrik begrüßt mich fast schon kameradschaftlich. Als Erstes will er wissen, wie meine Mitarbeitenden auf die Idee der Rettungsaktion reagiert haben. »Katastrophe! Ich habe eine Stunde lang alles gegeben! Eine Superpräsentation vor allen Verwaltungsmitarbeitenden, dem neuen Flippiverkäufer Herrn Paul und vor meinem Bruder. Keiner hat nur ein Wort rausbekommen. Alle finden die Idee verrückt. Leider auch mein Bruder. Er hat mir später gesagt, dass er ja vieles mitmache. Aber das gehe ihm zu weit. Und Herr Paul hat jetzt ein Problem! Als wir ihn einstellten, war eure Idee ja noch gar nicht existent. Nun macht er sich Gedanken, ob er nicht im falschen Film gelandet sei. Wir haben noch eine Menge Überzeugungsarbeit zu leisten.« »Solche Reaktionen sind wir gewohnt. Das ist ganz natürlich«, sagt Patrik gelassen und fängt an, über die Aktion zu reden.

GELEBTER KAFKA

»Man wird dir Zynismus vorwerfen, wenn die Aktion nicht weitergeht: Wenn du nicht gleich weitere Rettungen planst und nicht das Fensterprodukt präsentierst, das keine Fliegen mehr tötet. Die Fliegenrettungsaktion darf nur als Scharnier hin zu sinnvollen Produkten und einem echten Umdenken bei euch verstanden werden. Literarisch ausgedrückt: Das alles ist gelebter Kafka. Flippi verwandelt als Gregor Samsa seine Funktion vom Töten zum Retten. Und ihr als Erfinderfirma stellt den üblichen Markt auf den Kopf und führt den Diskurs zwischen Mensch und Insekt in eine neue Dimension. Das Ergebnis ist ein Umdenken in der Kundschaft.« »Das Fensterprodukt ist viel zu teuer. Ich schätze, es würde knapp 200 Euro kosten. Ein heutiges Fliegenprodukt kostet fünf Franken. Das geht alles überhaupt nicht auf. Ich sehe die Sinnhaftigkeit in euren Überlegungen, aber in die Fensterbranche kann ich nicht einsteigen.« Wir vereinbaren Stillschweigen über diese freundliche Art der Insektenbekämpfung, vielleicht ist das ja etwas für die Zukunft.

»Wir brauchen trotzdem ein überzeugendes Kommunikationskonzept«, sagt Patrik. »Die Medien könnten die Rettungsaktion sonst als billige Werbeaktion abwerten.«

»Wir benötigen einen Pressesprecher! Ich habe auch schon eine sehr gute Besetzung. Meine beste Studienfreundin! Sie ist kommunikativ stark, spricht sechs Sprachen fließend und möchte sich gerade beruflich verändern. Und wir brauchen einen Biologen! Einen Insektenspezialisten, der sich kompetent mit allen Fragen der Fliegenrettung auseinandersetzen kann. Auch hier habe ich schon die ideale Besetzung: Daniel Bucher aus Herisau. Ich kenne ihn seit Jahren. Aber es gibt da einen wunden Punkt: Die Aktion nächstes Jahr macht nur Sinn, wenn wir noch in diesem Jahr die Zusage von mindestens einem Kunden erhalten. Wenn wir also einen Auftrag zur Lieferung von Flippi im nächsten Frühjahr erhalten.«

»Das ist uns klar. Aber wir können nicht erst ein paar Wochen warten, bis Herr Paul den ersten Auftrag hat. Wir müssen unmittelbar starten, es gibt sehr viel zu tun.«

Zehn Tage später treffe ich mit Verstärkung im Atelier ein. Ohne meine Pressesprecherin, ich konnte sie nicht überzeugen, ihr ist die Rettungsaktion zu verrückt. Aber immerhin sind Herr Paul und Herr Bucher mitgekommen. Auch ihnen sieht man deutlich ihr Unbehagen an, mit Kunst hatten sie bisher nichts am Hut. Sie sind sich nicht sicher, ob Frank, Patrik und ich es wirklich ernst meinen. Und falls ja, ob sie dann vielleicht als fremdgesteuerte Akteure in einer skurrilen Kunstaktion fungieren.

Patrik holt eine kleine Kamera.

»Ich hoffe, es ist für euch in Ordnung, dass ich alles filme. Die Dokumentation gehört zu jedem Prozess dazu. Da muss man sich erst dran gewöhnen, aber später merkt man es gar nicht mehr.«

Ich beginne die Diskussion, richtig geheuer ist auch mir die Filmerei nicht. »In den letzten Tagen haben mich intensiv die Fragen gequält, ob wir als Unternehmen überhaupt so mit Tieren umgehen dürfen und ob wir Fliegen für unseren ökonomischen Erfolg instrumentalisieren dürfen. Wie können wir eine ökologische und ethische Berechtigung für unser Tun erlangen?«

Über eine halbe Stunde diskutieren Frank, Patrik und ich, bevor Frank unsere Gedanken zusammenfasst:

»Wir brauchen ein nachhaltiges Konzept, das sich positiv auf die Natur auswirkt und langfristig angelegt ist. Nach der Rettungsaktion müssen unbedingt weitere Aktionen folgen. Außerdem müssen wir einen Geldbetrag pro verkaufter Fliegenscheibe festlegen, der von Reckhaus für Naturschutzprojekte abgeführt wird.«

»Herr Bucher, haben Fliegen Vorteile?«, frage ich. »Gibt es Orte, die von Fliegen profitieren? Frank, Patrik und ich haben uns überlegt, die geretteten Fliegen in Naturschutzgebieten auszusetzen, damit diese nicht in die Städte zurückfliegen und wiederum von den Menschen bekämpft werden.«

Fast stotternd führt der Biologe aus, dass auch Fliegen ökologisch wertvoll sind, er aber auf diese Frage nicht vorbereitet sei. Zum nächsten Treffen werde er uns gern einige Informationen mitbringen.

»Lasst uns zum Reiseziel kommen«, gehe ich zum nächsten Thema über. »Dürfen wir Fliegen überhaupt nach Mallorca einführen? Was passiert, wenn unsere Fliegenretter am Zoll festgehalten werden?«

»Wir brauchen ein zweites Ziel«, sagt Patrik. »Ich schlage Teneriffa vor.«

»Herr Paul, darf ich Sie bitten, bezüglich der Einfuhr von Fliegen mit den spanischen Behörden auf den Flughäfen Kontakt aufzunehmen?«

»Gerne, Herr Reckhaus«, antwortet Paul trocken.

»Lasst uns doch schon über nationale Reiseziele reden, wenn die Fliegen nicht nach Spanien eingeführt werden dürfen«, sagt Frank. Auch Deutschland wäre für die Künstler in Ordnung, wichtig ist ihnen nur, dass die Fliegen im Flugzeug reisen und einen eigenen Sitzplatz haben.

»Daniel, hast du dir schon Gedanken darüber gemacht, wie die Reiseboxen aussehen können?«, fragt Patrik. »Die Fliegen müssen sich mehrere Tage darin wohlfühlen. Wichtig ist auch, dass die Boxen auf die Sitzplätze im Flugzeug passen. Ich gebe dir nachher eine Zeichnung mit, die die genauen Maße eines Flugsitzes zeigen.«

»Sind Fluggesellschaften überhaupt bereit, Insekten wie einen normalen Passagier zu transportieren?«, fragt Herr Bucher.

»Ich gehe davon aus, dass Lufthansa oder AirBerlin die Fliegen aufgrund des hoffentlich großen Medieninteresses für unser Projekt sehr gerne transportieren. Wir brauchen einen strategischen Fluglinienpartner. Herr Paul, das wäre ebenfalls eine super Aufgabe für Sie. Könnten Sie bitte mit beiden Gesellschaften erste Gespräche führen?«

Herr Paul nickt kurz und macht sich Notizen.

»Die Fliegen brauchen am Flughafen einen VIP-Service«, fordert Frank. »Und was passiert eigentlich mit den Fliegen, wenn sie zurückkommen?«

»Wir eröffnen einfach das erste Fliegenhotel Deutschlands«, sage ich. »Eine Wellnessoase, vielleicht ein Stall in einem alten Bauernhof, mit perfekten klimatischen Bedingungen und einer Webcam.«

Seit Jahren reden wir über DOWNSIZING. Die Diskussion geht für mich am Thema vorbei.

Es reicht nicht aus, das Alte lediglich zurückzufahren, effizienter, schlanker und ressourcenschonender zu gestalten. Was wir brauchen, ist schnelles, exponentielles Wachstum mit Neuem. Und damit wir dieses Neue überhaupt finden, etwas Neues, das von Grund auf nachhaltig ist, müssen wir unser ganzes unternehmerisches Potenzial und Geschick in die Waagschale werfen.

Externalisierte, sinnentleerte Märkte zurückdrängen und stattdessen neue, nachhaltigkeitsorientierte Märkte aufbauen – da müssen wir jetzt ran. Bei einem ökologischen Fußabdruck von über 2,5 Erden gibt es viel zu tun! (→ M)

»Eine sehr gute Idee, so könnte es gehen«, sagt Patrik.

»Wir haben noch nicht darüber gesprochen, wo und wann wir die Aktionen planen«, sagt Frank. »Ich bin für Großstädte wie Berlin, Hamburg und München, damit wir möglichst viele Menschen erreichen.«

»Ja, das finde ich gut«, sage ich. »Wenn wir dann pro Monat – also April, Mai, Juni, Juli und August – je eine Aktion in einer Stadt machen, dann ist Flippi die gesamte Saison lang Thema.«

»Wir müssen noch über die Medien sprechen«, fordert Patrik. »Wir sind skeptisch, ob die Medien unsere Geschichte so schnell aufgreifen. Unsere Erfahrung zeigt, dass Printmedien – wenn überhaupt – erst mit einer Zeitverzögerung reagieren. Bevor sie schreiben, recherchieren die Journalisten erst einmal im Netz und prüfen die Geschichte auf ihre Glaubwürdigkeit.«

»Entscheidend für uns ist daher, dass wir eine eigene Internetseite aufbauen und uns an den sozialen Netzwerken wie Facebook oder Twitter beteiligen«, äußert sich Frank. »Am besten stellen wir unsere Geschichte bereits jetzt online.«

»Das geht mir viel zu weit«, sage ich. »Unsere Aktion ist noch zu jung und zu fragil. Ich möchte nicht Dinge in der Öffentlichkeit ankündigen und dann nicht genau so machen. Das ist unseriös.«

»Bezüglich der Medien können wir uns aber schon einmal kritische Fragen überlegen, die sicher kommen werden. Wir machen dir eine Liste dazu.«

Nach fünf Stunden verabreden wir ein nächstes Treffen in vier Wochen. Kaum zurück im Büro ist die Mail von Frank und Patrik auch schon da:

Herr Reckhaus, sind Sie ausgeflippt? Oder leiden Sie unter einem krassen Aufmerksamkeits-Defizit-Syndrom?

Ist die Aktion eine Verlegenheitslösung, weil Sie nicht auf eine bessere Idee gekommen sind?

Worum geht es Ihnen? Ums Geld? Ums Tier? Ums Image?

Der CO_2-Ausstoß ist bei Flugzeugen extrem hoch, wie viel Lebensraum für Insekten wird dabei zerstört?

Wie kann man diesen Aufwand rechtfertigen, wenn in Afrika Kinder verhungern und diese dort, gerade mit der Stubenfliege, echte Probleme haben?

Insgesamt 30 Fragen haben die Zwillingsbrüder formuliert. Wir alle wissen: Das ist nur die Spitze des Eisberges, auf den wir zusteuern.

SEPTEMBER Wir treffen uns wieder im Atelier. Herr Paul hat kurzfristig per Mail abgesagt. Ich fühle mich irgendwie freier und eröffne das Treffen philosophisch:
»Unsere Aktion wird als absurd wahrgenommen werden. Ich habe deswegen das Wort *absurd* im Duden nachgeschlagen. Absurd steht für sinnlos und widersinnig. Diese Deutung gefällt mir nicht. Es geht ja bei unserer Idee nicht um sinnlose Dinge. Es geht darum, Dinge umzudrehen, ins Gegenteil zu verkehren. Das schafft Bewusstsein, besonders für die eigene, nächste Umgebung. Das ist ein äußerst sinnvoller Beitrag.«

 ES IST NICHT MÖGLICH, FLIEGEN ZU RETTEN

Herr Bucher berichtet zuerst, wie Fliegen gerettet werden können.
»Fliegen sind ein wichtiges Glied der Nahrungskette«, führt der Experte aus. »Das bedeutet, dass die Tiere überall Feinde haben. Überall. Es gibt in der Natur keine Wellnessoase für Fliegen, zu der wir sie bringen könnten. Es ist gar nicht möglich, Fliegen zu retten.«
Schockiert schauen Frank, Patrik und ich den Insektenversteher an. Er setzt seine Ausführungen emotionslos fort.
»Aber es gibt einen Ausweg. Wenn ihr den Fliegen etwas Gutes tun wollt, müsst ihr sie einsperren. Ihr könnt doch die Idee des Wellnesshotels weiterspinnen.«
Ich brauche eine Kaffeepause. Was für ein Irrsinn. Einsperren, um zu retten! Nachdem wir den frappanten Umkehrschluss ein wenig verdaut haben, sprechen wir über das geplante Wellnesshotel für Fliegen.

»Die Kunden bringen uns die Fliegen in die Filiale des Flippi-Händlers«, sagt Patrik. »Wir nehmen sie entgegen und müssen sie in eine Box einsperren. Abends bringen wir sie dann in eine größere Unterkunft, in der alle Fliegen sind, die wir in den vorangegangenen Tagen gerettet haben. Das Fliegenhotel müsste mobil sein und mehrere Wochen halten. Ich sehe eine große, hölzerne Box, die wir mit einem Kastenwagen transportieren.«

»In der tourfreien Zeit können wir dann die Box in eine Scheune stellen«, meint Frank weiter. »Im Wagen sind die Fliegen doch sehr der Sonne und starken Temperaturschwankungen ausgesetzt. Eine Scheune bietet ihnen besseren Schutz. Das ist dann unser Fliegenresort.«

Unser Sachverständiger erinnert uns daran, dass sich die geretteten Fliegen paaren werden und ein Weibchen im Laufe ihres Lebens unter optimalen Bedingungen bis zu 2000 Eier legen kann.

»Das ist ja wunderbar«, sagt Patrik.

»Das wird mir zu viel«, sage ich. »Herr Bucher, wie lange leben Fliegen?«

»In der Regel vier Wochen.«

Sich als Unternehmer ETHISCH korrekt zu verhalten, hat für mich bislang bedeutet: seinen Handelspartnern keine relevanten Informationen vorzuenthalten. Ihnen offen zu sagen, ob die eigenen Produkte zum Sortiment passen und ihnen gegebenenfalls davon abzuraten, weil Konkurrenten sie besser, preiswerter oder schneller liefern können. Kurz: ehrlich, transparent und verlässlich zu sein.

Seit 2011 ist für mich eine neue Dimension hinzugekommen. Es geht um die simple und gleichzeitig doch so essenzielle Frage: Darf ich Insekten töten? Und welche Konsequenzen ergeben sich, wenn die Antwort lautet: Nein, nur in absoluten Ausnahmefällen, wenn es nicht anders geht.

Was wir brauchen, ist einfache, ethische Logik, mit der *jeder für sich* sein alltägliches Tun hinterfragen kann. Aus den Antworten erwachsen die richtigen Dinge dann von selbst. (→ V)

»Dann öffnen wir vier Wochen nach Tourende bei einem großen Abschluss-happening die Rettungsbox und lassen alle Fliegen fliegen, die noch leben«, sage ich.

»Was machen wir mit den Fliegen in Spanien?«, fragt Frank. »Es werden ja mehrere Retter mit ihren Fliegen an den Strand fliegen.«

Schnell einigen wir uns darauf, dass wir in Spanien ein weiteres Fliegen-hotel errichten müssen, das wir dann zum Abschluss nach Deutschland zurückholen.

»Wir haben noch viel zu tun. Aber: Entscheidend ist der Verkauf. Wenn Herr Paul bis Mitte November keinen Kunden hat, brechen wir ab.«

OKTOBER »Nichts«, sagt Herr Paul. »Einfach nichts. Ich bin in den letzten drei Monaten 20 Zielkunden angegangen. 19 haben sofort am Telefon ab-gewunken. Und der eine, der mir immerhin einen Termin angeboten hat, hat mir dann beim persönlichen Treffen gesagt, dass die Aktion zu verrückt sei. Auch er möchte mit der Aktion nichts zu tun haben.«

Ich erzähle, dass ich nicht erfolgreicher war. Während Herr Paul neue Kun-den angeht, betreue ich die bestehenden. Viele kenne ich schon seit Jahren, wie den Chefeinkäufer eines großen Drogeriemarktes, dessen Handelsmarke wir produzieren. Für ihn ist unsere Rettungsidee die originellste, die er in den letzten 20 Jahren gehört hat. Aber das Risiko, dass die Medien negativ darüber berichteten, ist ihm viel zu hoch.

»Daran haben wir nicht gedacht«, sage ich. »Eine kritische Berichterstat-tung könnte auch den Handel treffen. Der deswegen natürlich nicht mit-machen möchte.«

Es wird still im Atelier. Patrik bricht das Schweigen.

»Hans, es ist deine Entscheidung, ob es weitergeht.«

»Wir werden nicht warten, bis wir einen Kunden finden«, sage ich ent-schlossen. »Ich will Fliegen retten! Wir brauchen ein Konzept, das unab-hängig vom Handel funktioniert.«

»Wie soll das gehen, Herr Reckhaus?«, fragt Herr Paul überrascht.

»Der Handel hatte für uns zwei Funktionen in diesem Projekt: Ort und Auf-merksamkeit. Diese zwei Funktionen müssen wir ersetzen.«

2011

»Wir können mit Lokalradios zusammenarbeiten«, sagt Herr Paul. »Für die ist das eine coole Geschichte.«

»Ja, das ist eine gute Idee. Die Fliegenrettung kann dann in einen Radiowettbewerb eingebunden werden, bei dem die Zuhörer die Fliegen zur Sendestation bringen«, sagt Frank.

»Flippi wird prominent«, freut sich Patrik, »alle reden über Flippi. Flippi ist aber nirgends zu kaufen!«

An diesem Nachmittag kommen keine weiteren guten Ideen. Wir erkennen, dass eine kundenunabhängige Fliegenrettung eine Sonderaufgabe ist, die nur Frank und Patrik lösen können. Die beiden versprechen, in zwei Wochen ein neues Konzept zur größten Fliegenrettungsaktion der Welt vorzulegen.

NOVEMBER Frank und Patrik präsentieren Herrn Paul, Herrn Bucher und mir gleich mehrere handelsunabhängige Rettungswerke, samt akribischen Kostenaufstellungen. Die wertvollen Insekten sollen nun mit ihren glücklichen Rettern nur innerhalb Deutschlands umherschwirren. Das würde Kosten sparen. Allerdings weiterhin mit dem Flugzeug, auch wenn die geplante Partnerschaft mit einer Airline nicht zustande gekommen ist. Weder Lufthansa noch AirBerlin haben unsere telefonischen Anfragen ernst genommen. Sie glauben an einen Scherz. Außerdem haben sich die behördlichen Abklärungen mit dem Export und Import von Fliegen in den letzten Wochen als schwierig erwiesen.

SICH LOSLÖSEN VON DER ÖKONOMIE MACHT FREI

Wir einigen uns auf die alte Idee mit den Lokalradios, und ich gebe aufgrund des schwindenden Geldes noch einmal die Richtung vor:

»Von den budgetierten 100 000 Franken haben wir bereits 30 000 für die Arbeitsstunden von Frank, Patrik und Herrn Bucher ausgegeben. Es bleiben also 70 000 Franken oder – umgerechnet beim derzeitigen Kurs –

50 000 Euro. Das ist nicht viel für eine Aktion, die uns beim Konsumenten national so weit bekannt machen soll, dass der Handel Flippi kauft. Je weniger Geld wir haben, desto konsequenter müssen wir uns auf unsere Ziele ausrichten. Ohne den Handel können wir uns ab sofort tatsächlich auf die Fliegenrettung konzentrieren. Wir können sie genau so gestalten, wie wir sie als richtig empfinden. Es geht mit dem bestehenden Budget nicht darum, dass wir ökonomiegetrieben versuchen, möglichst bekannt zu werden. Nein, jetzt machen wir es richtig! Es geht darum, dass wir mit den vorhandenen Mitteln möglichst viele Fliegen retten. Die Loslösung von der Ökonomie macht uns frei, wir können uns auf das Wesentliche konzentrieren. Denn was nutzt uns die öffentliche Aufmerksamkeit, wenn wir nur wenige Fliegen retten? Dann könnte man die Sache auch als nur kleine Idee auslegen und uns als amateurhaft beschreiben.«

»Großartig«, sagt Patrik. »Du kannst mit uns rechnen. Wir geben Rabatt.«

Wir fangen an zu rechnen: Internetauftritt speziell nur für die Aktion 20 000 Euro, Flippimobil für die Fliegenrettung 10 000 und weitere Kosten für die Personen, die alles realisieren.

»Und wie soll das mit dem Timing laufen?«, fragt Herr Paul.

»Um nur mit einer Aktion möglichst viele Fliegen zu retten, müssen wir sie im Sommer machen«, antworte ich. »Wenn dann Flippi bekannt wird, ist es zu spät für eine Listung im Handel. Die Kunden müssen ja erst kontaktiert und überzeugt werden. Bis die dann Platz in ihren Regalen für Flippi geschaffen haben, ist es Herbst und damit die Fliegensaison vorbei. Da haben wir ein eindeutiges Problem. Wir werden im nächsten Jahr keine Returns generieren können. Aber ich will weitermachen.«

Frank, Patrik und ich vereinbaren, dass wir uns bei nächster Gelegenheit bei der Werbeagentur *Alltag* treffen, die sie als Kommunikationspartner empfehlen.

Direkt nach der Sitzung entlasse ich Herrn Paul.

STUFE 3
STARKEN IMPULS SETZEN, DER DIE WEICHEN RICHTUNG ZUKUNFT STELLT

2012

JANUAR Die Agentur *Alltag* hat ihr Büro in der ersten Etage eines schlichten grauen Wohnhauses an einer Ausfallstraße in St. Gallen. Frank und Patrik sitzen bereits in dem 30 Quadratmeter großen Besprechungsraum, als mich Agenturinhaber Marcus Gossolt begrüßt. Schwarzer Pullover, Ohrring und Nickelbrille, unrasiert. Er sei auch Künstler, erzählt der Inhaber und stellt seine Agentur vor. Ich denke nur: Auch das noch! Wir haben doch schon genug Kunst in unserer Geschichte!

Mit wenigen Worten führt Gossolt aus, dass die Dynamik der Aktion super, die Verknüpfung mit Flippi jedoch nicht möglich sei:

»Flippi kommt so apothekenhaft daher. Das Design ist überhaupt nicht cool. Es muss so geil sein, dass die Leute die Fliegenscheibe verschenken wollen. Kurz: Bevor man an die Verknüpfung mit der Aktion denken kann, sollte man das gesamte Design hinterfragen.«

Ungefragt holt Frank eine aufwendig präparierte Originalfaltschachtel von Flippi hervor. Das Produkt hat nun zwei Vorderseiten. Die eine ist schwarz angemalt und auf dem ebenfalls schwarzen Kreis in der Mitte steht mit weißen Buchstaben: Ich töte. Die andere ist unverändert rot mit einem grünen Dach, auf dem steht: Ich rette. Im Nachhinein ein großer Moment. Die Riklins waren in allem so weit voraus.

Alle schmunzeln, auch Gossolt scheint in die riklinsche Verpackungsgestaltung nicht eingeweiht zu sein und erklärt, dass man beim nächsten Treffen unbedingt auch über das Scharnier zum Unternehmen sprechen müsste. Ich verstehe nicht ganz, was er meint, bin aber froh, dass ich fürs Erste so schnell hier wieder herauskomme.

FEBRUAR Zusammen mit Frank und Patrik sitze ich wieder bei *Alltag* und Agenturinhaber Marcus Gossolt kommt gleich zu Sache:
»Herr Reckhaus, wofür steht Reckhaus?«
Möchte er einen großen Auftrag haben?, ist mein spontaner Gedanke. Ich dachte, wir machen weiter mit Flippi. Warum sollen wir über unsere Corporate Identity sprechen? Gleichzeitig spüre ich, dass er recht hat.
»Das Existenzielle für die Kommunikationsverbindung ist Ihre grundsätzliche Entscheidung, den Zynismus als Assoziationsfeld zu Ihrem Produkt und Unternehmen zuzulassen«, führt der Agenturchef aus. »Im Internet-Zeitalter wird diese Aktion dokumentiert und nicht vergessen. Sie wird immer mit Ihrem Unternehmen in Verbindung gebracht. Deswegen müssen wir dringend eine Verbindung zum Unternehmen schaffen!«
Gossolt präsentiert sein Angebot und wartet zusammen mit Frank und Patrik auf ein Statement, ein Go. Ich kann nicht. Ich kann einer so kleinen Agentur diesen Auftrag nicht geben. Da ich weiter schweige, erzählt Patrik spontan eine kleine Anekdote:
»Gestern kam im Radio ein Bericht über einen Werbefilm, in dem sich jemand auf einen Ameisenhaufen gesetzt hat. Daraufhin haben sich Leute beim Tierschutzverband beschwert. Der Verband hat geantwortet, dass er nichts gegen die Werbung machen kann, weil die gequälten schwarzen Ameisen nicht unter Artenschutz stehen. Nur die roten Ameisen sind geschützt. Ist es nicht absurd, dass der Tierschutz sagt, die einen Ameisen dürfen getötet werden, die anderen nicht? Eigentlich müsste das Ziel unserer Aktion sein, dass das Fliegenschutzrecht geändert wird!«

»Das wäre cool, wenn am Schluss der Aktion tatsächlich eine Änderung des ...«, Gossolt stockt und sagt dann mit breitem Grinsen: »Nein, viel besser: Irgendwann kippt der Leitstern Ihres Unternehmens, Herr Reckhaus. Sie werden zum Fliegenschützer!«

Ich quäle mich und denke: Wie soll ich meine Absage formulieren? Kann ich überhaupt absagen, wenn Frank und Patrik die Agentur als ideal für uns empfinden? Die Aktion ist Kunst, die von den beiden realisiert wird. Wenn sie dabei mit *Alltag* zusammenarbeiten wollen, ist es für mich in Ordnung. Wenn es aber um die Überarbeitung von Flippi und unserer Corporate Identity geht, hat es nichts mit Kunst zu tun. Mein Kopf dröhnt: Worum geht es hier eigentlich? Bitte, lasst uns Klarheit schaffen, ist mein einziger Wunsch, die Dinge ordnen. Zum Erstaunen aller stehe ich auf und gehe wortlos zu einer Tafel, die an der Wand hängt.

»Lasst uns mit der Zeitschiene anfangen«, sage ich und male mit Kreide einen langen, horizontalen, weißen Strich.

»Wir müssen festlegen, wann genau wir die Aktion machen wollen. Erst dann wissen wir, ob wir Zeit haben, an Flippi ranzugehen.« Eine gute Stunde sprechen wir über die geografische und zeitliche Anhäufung von Fliegen und über die geeignete Größe des Aktionsortes. Wann Ferien sind und der/die eine oder andere verreist sind. Schließlich entscheiden wir, die Insekten Anfang September in Konstanz zu retten. Eine Stadt, die für Frank und Patrik gut erreichbar ist und bis in die Schweiz ausstrahlt. Zudem legen wir fest, dass wir bis Mai fertig sein müssen mit Kommunikationskonzept und Namen, damit wir genügend Zeit haben, Zeitungen und Radio zu kontaktieren.

Gossolt lässt nicht locker und fragt:

»Was ist mit der Verbindung zum Unternehmen?«

Ich schreibe die drei Geschäftsbereiche an die Tafel: *recozit*, *Handelsmarken* und *Flippi Neu*. Anschließend setze ich Reckhaus als Titel über die drei Sparten.

»Die Lösung steht an der Tafel!«, sagt Gossolt trocken und grinst. »Sie, Herr Reckhaus! Sie sind die beste Verkörperung und die beste Verlinkung. Damit bekommt auch die Aktion das Gesicht, das wir brauchen.«
Ich bin sprachlos. Nach dreieinhalb Stunden beende ich die Sitzung und verspreche, mich bald zu melden.

Zwei Wochen später geht der Austausch mit Frank und Patrik weiter. Ohne ihr Wissen hatte ich mich in der Zwischenzeit mit Marco Casile und Othmar Geser von *Festland* getroffen, eine große und etablierte Werbeagentur in

Die gemeine StubenFLIEGE ist ein echter Kosmopolit. Ursprünglich kommt sie aus Zentralasien und ist mittlerweile praktisch überall auf der Welt zu Hause. Im Grunde siedelt sie sich dort an, wo sich der Mensch mit seinen Haustieren niederlässt, und ernährt sich von Lebensmitteln, Müll und Kot. Bei sommerlichen Temperaturen zwischen 20 und 35 Grad fühlt sich die Fliege besonders wohl. Fallen die Temperaturen unter 15 Grad, stellt sie ihre Aktivität ein – übrigens der Grund, warum wir sie hierzulande nur im Frühling und Sommer sehen. Die Lebenserwartung einer Stubenfliege liegt zwischen 14 und 21 Tagen. In dieser Zeit kann ein Weibchen 150 bis 600 Eier legen,[1] aus denen sich dann im Laufe einer vollständigen Metamorphose von 6 bis 42 Tagen Imagos (erwachsene, geschlechtsreife Tiere) entwickeln.

Doch was ist nun der Wert einer Stubenfliege? Ohne das graue Fluginsekt mit den vier Längsstreifen auf dem Rücken wären in aller erster Linie unsere Obst- und Gemüseregale nicht so gut gefüllt. Genauso wie die Biene ist sie wichtig für die Bestäubung von Pflanzen – allen voran Brokkoli, Brombeere, Buchweizen, Erdbeere, Himbeere, Karotten, Knollensellerie, Kürbis, Lauch, Mango, Orangen, Petersilie und Zwiebeln. Ihre Vorliebe für Müll und Kot befreit uns von Material, das keiner mehr braucht. Die Biochirurgie setzt Fliegenlarven ein, um nekrotische Wunden zu säubern (Madentherapie). Und letztlich ist die Fliege selbst ein wichtiger Teil der Nahrungskette. Besonders Singvögel, Eidechsen, Igel und Frösche lassen sich den Snack schmecken.

1   unter optimalen Bedingungen sogar bis zu 2000

St. Gallen. Ich kenne die beiden von einem früheren Projekt und wollte unbedingt ihre Meinung hören.

»Es gibt Neuigkeiten«, starte ich unser Gespräch. »Ich war bei *Festland*, ihr kennt die Agentur ja auch.«

Ich sehe, dass sie skeptisch sind, doch bevor sie etwas sagen können, rede ich einfach weiter:

»Sie bestätigen viele Punkte von *Alltag* – und deswegen können wir jetzt drei Dinge entscheiden. Erstens: Der Name Flippi und die Aufmachung des Produktes sind gestorben. Ich bin bereit, das Produkt Reckhaus oder Dr. Reckhaus zu nennen. Unter dieser Marke werden wir neben der Fliegenscheibe weitere Produkte lancieren. Außerdem hat mir *Festland* den Zahn gezogen, dass wir mit unserer Außendarstellung so weitermachen können. Wir müssen unsere Unternehmensseite komplett auffrischen: Name und Aufmachung des Produkts, Unternehmenslogo und Unternehmensauftritt sowie den gesamten Reckhaus-Internetauftritt. Zweitens: Das Problem der Verlinkung zwischen Aktion und Produkt haben wir mit dem Namen gelöst. Drittens: Die *Festland*-Chefs sind der Ansicht, dass wir das Potenzial der Idee viel zu wenig nutzen. Wir müssten aktiv in die sozialen Netzwerke steigen und unsere Geschichte von Anfang an groß erzählen. Warum mit nur wenigen Menschen in einem Ort Fliegen retten, wenn wir das auch mit ganz vielen deutschlandweit machen können?«

»Das klingt alles schön und gut. Aber wie willst du die Leute erreichen?«, fragt Frank fast schon aggressiv.

Ich erzähle von der Idee der *Festland*-Manager, einen Filmwettbewerb zu lancieren: Die Retter drehen Filme, wie sie zu Hause Fliegen fangen, und stellen diese ins Netz.

»Könnt ihr euch das vorstellen? *Festland* meint, wir könnten eine Community mit 50 000 Menschen und mehr aufbauen. Damit kann ich zum Handel gehen und sagen, schaut her, 50 000 Anhänger – alles potenzielle Kunden. Also: Ich möchte, dass wir uns von der Sichtweise auf nur einen Event befreien. Wir brauchen eine Überarbeitung unseres Konzeptes.«

»Wir fangen also von vorne an?«, fragt Frank.

Ich muss mich bewegen und stehe auf. Frank schüttelt nur den Kopf.

»Wir haben zwei Möglichkeiten: Entweder wir machen die lokale Aktion, die national ausstrahlt. Oder wir gehen einen Schritt weiter, holen *Festland* mit ins Boot und bauen die sozialen Netzwerke auf. Das kostet mich wahrscheinlich doppelt so viel, also nicht 100 000 Franken, sondern 200 000. *Festland* würde gerne nächste Woche mit uns ein Brainstorming machen.«

IM KLEINEN BEGINNEN

»Wir sind keine Spezialisten für Top-down«, sagt Frank. »Unsere Arbeit beginnt immer im Kleinen. So werden die Leute dann selbst Teil der Geschichte. Das ist die Kraft der Kunst. Wenn wir aber groß einfahren: Hans, wie willst du das kontrollieren? Wie generierst du Sinnhaftigkeit?«

»Ich habe unsere Aktion nie infrage gestellt«, sage ich »Die Aktion ist unsere Identität. Aber nur mal so als Spinnerei: Wir machen die Aktion, geben Tipps zum Fliegenretten auf dem Blog und dann entstehen ganz viele Rettungsaktionen. Wir haben das einmal vorgelebt, und die Leute sind so begeistert, dass Nachbarn, ganze Straßen und kleine Ortsviertel zusammenkommen und selbst Fliegenrettungspartys machen.«

»Was wäre der Anreiz?«, fragt Frank.

»Wenn du dich mit hundert Leuten zusammenfindest und gleichzeitig Fliegen fängst und das mit Fotos beweisen kannst ...«, sagt Patrik.

»... dann zahlt die Reckhaus AG das Dorffest«, ergänzt Frank.

»Das ist ein bisschen wie Spiel ohne Grenzen«, füge ich hinzu. »Die Dörfer fangen an, gegeneinander zu spielen. Die Idee hatten wir doch schon einmal ...«

»Ja, aber wir mussten uns dagegen entscheiden, weil Daniel uns darauf hingewiesen hat, dass Fliegen so leicht zu züchten sind. Die Leute können Fliegenlarven kaufen und einfach mit der Zucht beginnen«, verwirft Frank unsere Gedanken von Dorf gegen Dorf.

Patrik beginnt, etwas auf ein noch leeres Flipchart zu schreiben. Er geht in die Knie, schreibt von links nach rechts die Jahre 2012 bis 2015 hin und erklärt, dass unsere Aktion zu Ende ist, wenn die Fliege im Wellnessurlaub sei. Danach müsse es aber weitergehen mit den Rettungsaktionen.

»Zum Beispiel hier«, er zieht einen Strich bei 2013. »Immer, wenn sich mehr als hundert Menschen zusammenfinden und Fliegen retten, gibt es ein Dorffest, das die Reckhaus AG bezahlt. Wie kannst du das finanzieren? Mit deinem Produkt, das sich verkauft. Vom Erlös steckst du soundso viel Prozent in den Tierschutz und soundso viel Prozent in die Volksfeste!«

»Also fünf Cent pro Produkt für den Tierschutz und fünf Cent für die zukünftige Rettung«, falle ich Patrik ins Wort.

»Das ist wieder polarisierend«, sagt Patrik, erhebt sich und steht direkt vor mir. »Je mehr du verkaufst, desto mehr Volksfeste kannst du finanzieren!«

»Moment!«, sage ich. »Je mehr ich verkaufe, desto mehr Fliegen rette ich!«

»Je mehr ...«, sagt Patrik und schreibt die beiden Worte auf die Tafel.

»... Produkte wir verkaufen, desto mehr Fliegen retten wir«, ergänze ich.

»Das ist geil!«, sagt Patrik.

»Also«, fasse ich zusammen, »wir geben fünf Cent pro Produkt an Interessenverbände, die sich für die Natur und die Insekten starkmachen, und fünf Cent geben wir für Dinge, die Fliegen retten. Das können Volksfeste sein, aber auch die Prämierung von YouTube-Filmen, in denen Fliegen gefangen werden. Jede Packung bringt also etwas, um wieder mehr Fliegen zu retten.«

Ich schlage das voll beschriebene Blatt des Flipcharts um, nehme mir einen Stift und schreibe:

Heute kaufen wir Insektenbekämpfungsmittel mit schlechtem Gewissen: die Produkte töten.
Morgen kaufen wir Dr.-Reckhaus-Produkte und haben ein gutes Gewissen: jede Fliege, die wir töten, wird woanders gerettet.

»Das ist doch das, was wir wollen«, sage ich, »Insektenbekämpfungsprodukte und gleichzeitig Insekten retten. Aber wir haben immer noch ein Ungleichgewicht. Wir töten vielleicht 1000, aber retten nur 100. Wir müssen dahin kommen, dass man am Ende sagen kann: Die fünf Fliegen, die da am Fenster an der Fliegenscheibe kleben, die fünf werden woanders mit meinem Beitrag gerettet. Das ist so wie mit dem Fliegen. Du kannst eine CO_2-Abgabe zahlen, und dann wird dir bestätigt, dass durch deine Abgabe Bäume gepflanzt werden, die das CO_2 speichern, du also CO_2-neutral geflogen bist. Da gibt es heute mehrere Firmen, die berechnen dir das. Und das hier wäre: Insektenbekämpfung tötungsneutral.«

»Tötungsneutral«, sagt Patrik, »geiler Begriff.«

»Nicht nur chemieneutral«, ergänzt Frank.

Patrik setzt gerade zu einem Satz an, aber ich sage:

»Passt auf! Die Produkte sind nicht mehr insektizidfrei oder chemiefrei, so nach dem Motto: gutes Gewissen. Nein! Unsere Produkte sind tötungsneutral ... oder noch besser bekämpfungsfrei.«

Ich nehme mir einen roten Stift und schreibe auf das Chart: Insektenbekämpfungsprodukte bekämpfungsfrei.

»Damit ist der Widerspruch weg! Wir haben ihn aufgelöst. Für jede Fliege, die getötet wird, wird eine Fliege gerettet.«

Wir brauchen eine Kaffeepause. Durchbruch. Stilles Staunen und lautes Lachen, bevor wir noch einmal zum Anfang des heutigen Nachmittags zurückkommen: Wie soll es mit der Aktion konkret weitergehen? Frank erklärt, dass wir mit dem neuen Konzept der Neutralität eigentlich gar keine Aktion mehr bräuchten! Mit dem Kauf eines Produkts wird ja schon gerettet. Er hat natürlich recht, auf den Gedanken bin ich gar nicht gekommen. Ich überlege, komme aber zu keinem Schluss und sage:

»Aber wir wollen die Aktion doch machen!«

»Aber natürlich wollen wir sie machen, wir müssen sie sogar machen, weil wir Fliegenretten vorleben müssen«, sagt Frank beruhigt und lacht.

»Das ist sonst alles nicht glaubwürdig«, sagt Patrik. »Wir brauchen diese authentischen Aufnahmen von dir, wie du in Gummistiefeln über die Wiese zum Fliegenresort läufst. Wir müssen die Nähe zwischen Mensch und Insekt beweisen.«

Wir einigen uns darauf, dass wir uns ein kleines Dorf suchen, dann wird eine Woche lang gerettet und zum Abschluss gibt es ein schönes Fest.

FLIEGEN RETTEN, WELTWEIT

Wie fremdgesteuert kehre ich zurück zum Büro. Meine Gedanken rasen. Der bekämpfungsneutrale Aspekt kann auf alle Insektenschutzprodukte übertragen werden! Das Besondere ist nicht mehr ein insektizidfreies Fliegenprodukt. Das Außergewöhnliche und Wertvolle ist die Dienstleistung der Insektenrettung, mit der wir die ökologischen Schäden der Produkte kompensieren können. Damit wären wir die einzigen, die ökoneutrale Insektenbekämpfungsprodukte anbieten. Und zwar weltweit! Die US-Amerikaner kaufen unsere Produkte bestimmt. Große Bevölkerungsgruppen sind dort sehr gesundheits- und umweltbewusst. Und vielleicht auch die qualitätsbewussten Japaner? In Europa wächst sicherlich der Markt für neutrale und damit grüne Bekämpfungsprodukte stark.

Ich bin mir sicher, dass niemand vor uns auf den Gedanken gekommen ist, Insekten systematisch und produktbezogen zu retten. Bestimmt hätte sich eine solche revolutionäre Idee schon herumgesprochen, zumindest in der Branche. Meine Gefühle schwanken hin und her: zwischen Größenwahn, das Unternehmen nun doch auszubauen und international aufzustellen, und Unsicherheit darüber, wie genau die systematische Rettung aussehen kann.

MÄRZ Ich bin mit Daniel Bucher verabredet. Zum Anfang des Gespräches biete ich ihm das Du an. Bei unserem letzten Treffen vor zwei Wochen hat er sich gleich wieder verabschiedet. Kompensation von Insektentötungsprodukten? Alles neu, alles unbekannt. Muss er erst mit seinen Mitarbeitenden und Kollegen besprechen. Keine Garantie. Heute scheint er guter Dinge zu sein.

»Vielleicht habe ich ein grobes Konzept für dich. Ich habe mit meinem Chef gesprochen, er hat Erfahrungen mit landwirtschaftlichen Kompensationsmodellen. Und zusätzlich mit Stefan Brenneisen von der Züricher Hochschule für Angewandte Wissenschaften, er ist ausgewiesener Spezialist für Dachbegrünungen. Grundlage der uns bekannten regionalen Modelle ist, dass der Ausgleich möglichst nahe dem Eingriff stattfindet.«

»Wie meinst du das? Unsere Produkte werden ja überall in Deutschland, Österreich und der Schweiz angewendet.«

»Man könnte zum Beispiel deine Verkäufe national kompensieren. Also die Verkäufe in Deutschland müssen auch in Deutschland ausgeglichen werden. Über wie viele Packungen Fliegenscheiben sprechen wir denn?«

»Im ersten Jahr circa 300 000 Packungen.«

»Gehen wir davon aus, dass man mit einem Produkt 50 Fliegen bekämpft, dann macht das pro Jahr 15 Millionen Fliegen.«

»15 Millionen! Wir müssen in die Züchtung einsteigen«, ist meine Reaktion.

»Du kannst nicht 300 000 kleine ökologische Eingriffe mit einem großen kompensieren! Wie stellst du dir das vor? Dass du einmal pro Woche in Bielefeld 500 000 Fliegen vom Fabrikdach aus in die Freiheit entlässt? Dadurch würde ein großes Ungleichgewicht entstehen. Vögel sind sehr lernfähig. Es würde sich schnell herumsprechen, an welchem Tag und zu welcher Uhrzeit du die Insekten fliegen lässt. Schon Stunden vorher würden immer mehr Vögel kommen und auf den Braten warten.«

ZÜCHTUNG IST NICHT DIE LÖSUNG

Daniel erklärt mir, dass die Züchtung eine sehr schlechte Variante ist, um etwas Gutes für die Natur zu tun. Vielmehr sollte ich über Insektenschutzgebiete nachdenken: bestehende Biotope insektenfreundlicher gestalten oder tote, versiegelte Industrieflächen begrünen wie Hofeinfahrten oder Flachdächer.

»Du hast doch einen größeren Betrieb in Bielefeld.«

Ich zeige Daniel ein Foto vom Betriebsgelände. Schnell sieht er zwei Möglichkeiten: eine lange Einfahrt, die seit Jahren nicht mehr genutzt wird, und das Dach unseres Verwaltungsgebäudes.

»Was ist besser geeignet?«, frage ich ihn.

»Das Dach. Es ist viel stärker besonnt, und es ist ausgeschlossen, dass die Fläche doch einmal von Autos befahren oder von Dritten irgendwie genutzt wird.«

»Daniel, das machen wir. Hast du eine Vorstellung, wie viele Packungen Fliegenscheiben das begrünte Flachdach kompensieren wird?«

»Keine Ahnung. Ich kann mir nicht vorstellen, dass sich jemand mit einer solchen Fragestellung schon mal beschäftigt hat.«

»Zuerst müssen wir berechnen, welche und wie viele Insekten durch unsere Produkte bekämpft werden«, sage ich. »Die Fliegenscheiben hast du ja selbst getestet. Ich habe mir die alten Unterlagen rausgesucht. Eine Produktpackung tötet durchschnittlich 87 Insekten: neben Stubenfliegen auch Trauermücken, Fruchtfliegen, Hautflügler, Fransenflügler und Blattläuse.«

»Damit hätten wir genau den Eingriff. Aber auch zu viele Informationen. Wir müssen uns auf eine Einheit einigen, die dann für den Ausgleich gilt.«

»Wie meinst du das?«

»Du möchtest wissen, wie viele Quadratmeter Fläche nötig sind, um die Schäden von Produkten auszugleichen. Um diese beide völlig unterschiedlichen Größen auf einen Nenner zu bringen, brauchen wir eine Einheit, die man einerseits für die Produkte und andererseits für die Flächen berechnen kann. Ich kann mir vorstellen, dass wir mit dem Wert Biomasse arbeiten: also das Gewicht der einzelnen gefangenen Insekten berechnen und damit die Summe der Biomasse ermitteln, die ein Produkt der Umwelt entzieht.«

»Wow! Super. Und wie berechnen wir die Biomasse, die durch die Schaffung der Ausgleichsflächen entsteht?«

»Es gibt empirische Studien darüber, welche Insekten sich ansiedeln, wenn bestehende Biotope aufgewertet oder versiegelte Flächen begrünt werden. Entsprechend kann die Biomasse pro Quadratmeter geschätzt werden.«

»Sagenhaft. Dann haben wir es!«

ALLES FUNKTIONIERT NUR MITEINANDER

Daniel bremst mich. Man müsse sich das in aller Ruhe anschauen. Entscheidend sei immer die spezifische Ausgangslage. Um für Insekten attraktive Lebensräume zu schaffen, müsse mit einheimischen Bodensubstraten und Pflanzen sehr auf das regionale Umfeld eingegangen werden.

Warum nicht einfach nur Fliegen retten? Eine schöne Rettungsaktion mit Bier, Bratwurst und Musik hätte doch gereicht. Warum auch noch Hubschrauber, Flugzeug, Limousine, Wellnessurlaub und gar Beerdigung?

Was wir brauchen, sind keine softgekochten, auf Kompromiss getrimmten Events, bei denen jeder mitgehen und sich wohlfühlen kann.

Es geht nur: GANZ ODER GAR NICHT. Nicht nur, um einen selbst aus der Bahn zu werfen. Sondern auch um ins Bewusstsein der Menschen vorzudringen, Gedankenprozesse auszulösen und zu zeigen, wie ernst es (einem) ist. Insektensterben ist mit Sicherheit kein Thema für eine feuchtfröhliche Nachmittagsrunde. Rückblickend war *Fliegen retten in Deppendorf* der zwingend notwendige Auftakt für alles, was danach gekommen ist. Die intensive Vorbereitung auf die Aktion und die Aktion selbst haben uns allen die Zukunft des Unternehmens klar vor Augen geführt. Wir wurden herauskatapultiert aus unserer Komfortzone, zutiefst verstört und zutiefst berührt. Jegliche Rückkehr zu einem »Weiter wie gehabt« war danach verbaut. Türen gingen auf und es wurden Begegnungen mit Menschen möglich, die uns verstehen, motivieren und unterstützen.[1]

1   Selbst wer die Geschichte verfolgt hat, weiß oft nicht, dass das Ziel der Reise nicht irgendein Wellness-hotel war. Es ging nach Süddeutschland ins 5-Sterne-Hotel Schloss Elmau. Die damalige Marketingleiterin Dalia Banerjee hörte sich in Ruhe an, wie wir uns den Aufenthalt vorstellen:
   ▪ Die Fliege steht im Zentrum.
   ▪ Sie wird begrüßt und verwöhnt wie ein ehrenwerter Stammgast.
   ▪ Das Ganze geht nicht in Richtung Comedy, die Aktion ist ernst gemeint und alles wissenschaftlich fundiert: Was essen und trinken Fliegen gerne, welche Temperaturen sind für sie angenehm, ... Dann sagte sie: »Die Fliege wird in bester Gesellschaft sein. Im Sommer gibt es vermutlich nirgends so viele Fliegen wie auf Schloss Elmau – und wir machen nichts dagegen. Gar nichts. Obwohl wir unglaublich viele Beschwerden erhalten. Ich kann ihre Aktion nur unterstützen. Ich bin voll dabei. Weil es kein Gag ist und ich merke, dass Sie ganz und gar dahinterstehen.« Wir hatten mit solch souveräner Reaktion nicht gerechnet.

»Wir können nur attraktiv sein für Tiere, die in der Nähe der Flächen bereits angesiedelt sind«, sagt Daniel, der mir offenbar ansieht, dass ich gerade Neuland betrete. »Insekten, ja die gesamte Tierwelt passt sich über einen sehr langen Zeitraum den natürlichen Umfeldbedingungen an. Das gilt auch für Pflanzen. Alles funktioniert nur miteinander. Vereinfacht gesagt: In Süddeutschland brauchen Insekten andere Pflanzen als in Norddeutschland.«

»Aber wenn wir Insekten anlocken, die sowieso schon in der Nähe sind, schaffen wir dann nicht nur eine Verschiebung der Tiere? Wir wollen doch den Bestand an Insekten erhöhen.«

»Die bestehenden Lebensräume sind heute stark gefährdet: etwa durch Monokulturen, Pestizideinsatz in der Landwirtschaft und die zunehmende Erschließung von Siedlungsflächen. Die Dachbegrünungen wären geschützte, neue Ersatzbiotope, in denen die Insekten Nahrung finden. Dadurch vermehren sie sich mehr als ohne unsere Aktivität.«

»Zurück zu den Vögeln. Wir schaffen einen Lebensraum für Insekten, die anschließend auf den Dächern von Vögeln gefressen werden. Das geht nicht. Wollen wir ein großes Netz bauen, das die Insekten schützt?«

»Hans, das ist Natur!«, antwortet Daniel schmunzelnd. »Alles hängt zusammen. Insekten sind ein wichtiger Teil der Nahrungskette. Wenn aufgrund deiner Aktivitäten die Vogelbestände steigen, dann ist das völlig in Ordnung. Du musst sehen, dass du nicht nur etwas für die Insekten tust. Die kleinen Sechsbeiner fördern durch die Bestäubung auch intensiv die Pflanzenvermehrung. Der Wind sorgt dann für die Samenverbreitung und die Flora in der Umgebung profitiert. Die Schaffung eines insektenfreundlichen Lebensraumes ist deswegen ein wertvoller Beitrag zur regionalen Biodiversität.«

»Großartig. Wir fangen morgen an! Mir ist aber ganz wichtig, dass wir die Areale vor Auslieferung der Produkte schaffen. Der Kunde soll das sichere Gefühl haben, dass der Insektenverlust bereits im Vorfeld kompensiert wurde.«

»Die Flächen brauchen Entwicklungszeit, um attraktiv für Insekten zu werden. Ein Biotop, das wir heute schaffen, ist heute wenig ergiebig. Mit jedem

Jahr wird es jedoch aufgrund des Pflanzenwachstums für Insekten aller Art interessanter.«

»Das bedeutet, dass wir nach der Anlage erst abwarten müssen, bis die Fläche eine gewisse Ergiebigkeit, also ein Mindestniveau an Attraktivität hat. Von mir aus können wir in Jahren denken. Wir legen in Jahr eins eine Fläche an und verkaufen die Produkte in Jahr zwei. Damit verbunden ist dann auch eine Kontingentierung der Absatzmengen. Sehr sympathisch!«

»Du möchtest also, dass die Flächen innerhalb eines Jahres die Kompensationsleistung erbringen. Sie wären dann im zweiten Jahr wieder frei. Das ist alles sehr spannend. Bitte lass mir Zeit, wir müssen das in unserem Büro weiterbearbeiten und uns mit Experten austauschen.«

APRIL Ich habe mich entschlossen, mit *Festland* und *Alltag* zusammenzuarbeiten. Bei unserem ersten gemeinsamen Treffen will ich sehen, ob die Geschäftsführer miteinander arbeiten können. Frank und Patrik sind mit dabei. Wir diskutieren länger über den richtigen Ort für unsere Aktion: auf dem Land, weil Fliegen dort eine Plage sind? Oder in der Stadt, weil dort die meisten potenziellen Kunden für unsere Produkte wohnen? Angeregt von der Diskussion sage ich:

»Eigentlich wäre es ja nur logisch, wenn wir die Aktion in der Nähe von Bielefeld veranstalten würden?«

»Stimmt«, sagt *Alltag*-Chef Gossolt. »Die Aktion darf keine Fragezeichen auslösen. Der Ort muss sozusagen selbstverständlich sein. Irgendwo rund um Bielefeld finde ich extrem stimmig.«

»Für mich ist es auch schlüssiger«, sage ich. »Warum sollte ein Bielefelder Unternehmen nach Süddeutschland gehen? Aber irgendwie ist es mir auch unangenehm. Ich kenne zu viele Leute in Bielefeld.«

»Dann suchen wir ein Dorf in der Nähe, wo du niemanden kennst«, sagt Frank.

»Hast du mit deinem Vater schon gesprochen?«, fragt Patrik.

»Nein. Ich habe gehofft, dass er das alles nicht mitbekommt, wenn wir die Aktion in Süddeutschland machen.«

Alle lachen.

»Das ist dann ein schöner Moment für den Film«, sagt *Festland*-Chef Othmar Geser. »Ein dramaturgischer Höhepunkt. Herr Reckhaus senior zu Hause im Wohnzimmer. Tagesschau. Und dann kommt der Bericht über die Fliegenaktion.«

Stille. Alle warten auf meine Zustimmung.

»Ich bespreche das zu Hause, ob das sozialverträglich ist.«

GÜTESIEGEL FÜR INSEKTENBEKÄMPFUNGSPRODUKTE

Wir kommen auf die unterschiedlichen Verbindungsmöglichkeiten zwischen Aktion, Unternehmen und potenziellen Handelskunden zu sprechen. Die Schwierigkeit: die große Zeitspanne zwischen Aktion und Verkauf. Zwölf Monate werden zwischen der Fliegenrettung im Sommer und dem Verkauf unserer Produkte im Sommer des Folgejahres liegen. Wie können wir die Aufmerksamkeit bei Handel und Konsumenten so lange aufrechterhalten? Marcus Gossolt schlägt überraschend eine neue Richtung vor:

»Ich denke an den Max-Havelaar-Effekt, an das sehr erfolgreiche Siegel für Bananen und andere Lebensmittel aus fairem Handel. Wenn das Label sich aufbaut und Produkte kennzeichnet, gibt es eine Parallelaktivität, wo man Unternehmen besucht und sagt: Hallo, wollt ihr nicht auch?«

»Du meinst, dass andere Firmen auch damit beginnen, diese Philosophie zu leben?«, fragt Frank.

»Genau.«

Stille. Jeder muss erst einmal nachdenken. Marco Casile von *Festland* kann die neue Vision am schnellsten in Worte fassen:

»Man müsste einen Verein oder eine Stiftung gründen und dann das Label auch anderen Unternehmen zur Verfügung stellen. Aus dem Handel oder der eigenen Branche. Das kann man relativ risikolos machen.«

»Dieser Gedanke ist noch einmal eine Intensivierung unseres Weges«, klinke ich mich ein. »Bis jetzt habe ich immer gedacht: Die Fliegenfalle wird dann ein Erfolg, wenn wir die Aufmerksamkeit in der Gesellschaft haben. Jetzt kommt raus, dass wir die Aufmerksamkeit gar nicht so lange halten können. Der Ausweg wäre, dass wir ein eigenes, starkes Label aufbauen. Vielleicht schaffen wir es, den Handel zu überzeugen, er selbst könnte Vorreiter sein.«

Nach über vier Stunden müssen wir zum Abschluss kommen. Ich versuche drei Prioritäten zu skizzieren: Wir brauchen zuerst ein Statement über vielleicht zwei Seiten, wie Reckhaus das Thema Bekämpfungsneutralität sieht. Aus diesen Gedanken muss an zweiter Stelle ein Label und an dritter Stelle ein Internetauftritt entwickelt werden.

»In drei Wochen habe ich mit unserem Biologen ein Statement erarbeitet«, sage ich.

»Und wir legen Ihnen in einer Woche ein gemeinsames Angebot für ein umfassendes Kommunikationskonzept mit Internetauftritt und Verpackungsgestaltung vor«, ergänzt Geser.

»Und Frank, Patrik und ich müssen möglichst schnell das Dorf finden. Eine echte Herausforderung.«

Mit Frank und Patrik fliege ich von Zürich nach Hannover, in meiner Tasche eine Liste mit acht Dörfern in der Nähe von Bielefeld, die wir abklappern wollen. Mein Wagen, ein alter schwarzer Mercedes, steht am Flughafen bereit. Frank setzt sich auf die Rückbank, Patrik auf den Beifahrersitz, um alles möglichst gut filmisch festzuhalten. Von Norden kommend ist der erste Ort Pödinghausen. Anschließend fahren wir nach Dornberg, Grossdornberg und Kirchdornberg. Die Dörfer gefallen uns. Wir sprechen mit den Menschen auf den Straßen und in den Geschäften. Doch kein einziger möchte mit uns länger als eine Minute reden. Meine Enttäuschung wächst. Sind wir auf dem richtigen Weg? Zweifel machen sich breit.

DEPPENDORF: PATRIKS FAVORIT

Wir kommen nach Deppendorf, das ich schon aufgrund seines Namens nicht haben will. Typisches Vorurteil. Das Dorf mit seinen rund 1000 Einwohnern steht allerdings auf unserer Liste und ist für Patrik ein Favorit. Es hat

eine umfangreiche Internetseite und letztes Jahr sogar ein Bienenhotel er-
richtet. Langsam fahre ich die lange, schmale Hauptstraße entlang. Wohn-
häuser aus den 1960er-Jahren, alte Bauernhöfe und Wiesen wechseln sich
ab. »Sieht toll aus. Alles so transparent«, sagt Patrik. Nach einer Minute
Fahrt ist Deppendorf zu Ende.

Wir drehen um, fahren die Hauptstraße wieder zurück und sehen in einer
kleinen Wohnsiedlung einen Herrn mit blauer Latzhose im Garten arbeiten.
Ich lasse die Fensterscheibe herunter und frage:

»Entschuldigen Sie bitte. Können Sie uns helfen? Gibt es hier irgendwo ein
Dorfzentrum? Wir planen eine Aktion und suchen den Bürgermeister oder
Bezirksvorsteher.«

»Das ist nicht so einfach«, sagt der Mann. Er stockt, denkt kurz noch einmal nach. Kurze Pause, dann: »Aber es gibt den Verein *Das Dorf soll schöner
werden*. Frau Detering engagiert sich dafür, ja, am besten Sie fahren zu Frau
Detering.«

Der Mann erklärt uns den Weg zu einem Bauernhof, wir danken und fahren
los. Endlich hilft uns jemand weiter. Die Hoffnung wächst. Doch als ich das
Haus sehe, wird mir mulmig. Leute, was macht ihr nur mit mir?! Auf dem
Türschild steht: Diering. Ich klingele trotzdem, ein großer Hund bellt tief,
Patrik filmt und Frau Diering öffnet die Tür. Ich stelle mich vor, bitte um
Entschuldigung für die Störung und frage:

»Sind Sie für die Interessengemeinschaft Deppendorf zuständig?«

»Nicht alleine. Wir sind 20 Leute im Initiativkreis Deppendorf. Aber sagen
Sie mir doch erst einmal, was Sie möchten. Ich sehe, da ist eine Kamera,
die läuft.«

»Entschuldigen Sie, wir haben eine chemische Fabrik in Bielefeld-Sennestadt
und suchen ein Dorf, mit dem wir eine Aktion realisieren können.«

Ich übergebe Frau Diering meine Visitenkarte und überlege, wie viel ich von
der Aktion erzählen soll. Wir betreten das Haus. Ich lasse meinen Blick
schweifen. Inmitten ihrer »Werkstatt« steht ein langer Holztisch voller kleiner Objekte und unterschiedlicher Materialien. Offenbar sind wir bei einer
Künstlerin gelandet. Das schafft Vertrauen. Spontan entscheide ich mich, die
ganze Geschichte zu erzählen. Frau Diering ist sofort begeistert und sagt:

»Seitdem wir keine Kühe mehr haben, haben wir kaum noch Fliegen. Und ohne Fliegen kommen auch keine Schwalben. Das ist sehr traurig.«

Doch sie kann das nicht alleine entscheiden, wir müssten den gesamten Initiativkreis überzeugen. Weil Frank und Patrik bereits morgen Abend zurückfliegen, handelt sie kurz entschlossen und ruft gleich die fünf aktivsten Mitglieder an und fragt, ob sie am nächsten Tag zu ihr nach Hause kommen könnten, es gäbe etwas Dringendes zu besprechen. Zwei Architekten und ein Rosenzüchter sagen zu. Morgen, 14 Uhr, wir sollen Kuchen mitbringen.

Bevor es nach Deppendorf geht, besuche ich mit Frank und Patrik meine Firma in Bielefeld. Das ist zwingend notwendig. Ich will, dass meine Mitarbeitenden die beiden Künstler endlich persönlich kennenlernen. Als wir alle lose in einem großen Büroraum stehen, bitte ich Frank, zu starten:

»Am Anfang ging es um eine Idee, wie man das Produkt Flippi auf den Markt bringen könnte«, sagt Frank. »Doch nun merken wir, dass sich durch den Prozess nicht nur das Produkt weiterentwickelt, sondern auch wir selbst als Personen. Auch wir machen einen Prozess durch, in dessen Verlauf vielleicht ein ganzes Unternehmen neu zu denken anfängt. Das ist das, was uns als Künstler interessiert. Dort einzugreifen, wo es auch einen Bezug zum Leben gibt. Etwas zu leisten, was effektiv der Gesellschaft nützt und eine Funktion bekommt.«

»Das ist unser Verständnis von Kunst. Aber das ist vielleicht jetzt zu kompliziert«, ergänzt Patrik.

»Was ist daran zu kompliziert?«, fragt Frank seinen Bruder kopfschüttelnd.

Meine Mitarbeitenden müssen über die kleine Meinungsverschiedenheit der Künstler schmunzeln. Ansonsten: keine Reaktion. Ich nutze den Moment und bitte um Verständnis dafür, dass ich bis jetzt so wenige Informationen an das Team weitergegeben habe. Das Problem sei, dass wir alle paar Wochen große Änderungen im Prozess erleben. In circa vier Wochen werde das Konzept fertig vorliegen. Dann, so verspreche ich, werde eine große Präsentation stattfinden.

Patrik hat seinen Laptop auf ein halbhohes Regal gestellt und präsentiert Filmmaterial von gestern: das Gespräch mit dem Herrn in Latzhose, Szenen mit Frau Diering.

 ZWEI WELTEN, EINE VISION

»Das, was uns die Türen öffnet«, sagt Patrik, »ist sehr wahrscheinlich die Mischung unseres Teams. Zwei Welten prallen aufeinander ... aber auch diese Leidenschaft. Herr Reckhaus steht voll und ganz zu dieser Aktion und dieser Vision. Und wir auch! Es ist wie ein Pakt, den wir geschlossen haben.«

Noch immer keine Reaktion. Die Mitarbeitenden sind einfach nur stumm. Frank lässt sich nicht beirren und redet weiter:

»In der Werbung wird heute oft eine schöne Geschichte erzählt und am Schluss merkt man, die war zwar schön, aber nicht real. Ich denke, heute wollen die Menschen das Echte sehen, sie wollen die Authentizität spüren. Und das ist hier der Fall.«

Schlechtes Gewissen plagt mich. Gefühlt erzählen wir den Mitarbeitenden nur die halbe Wahrheit. Wir berichten von der Rettungsaktion, aber nicht von den ökoneutralen Biozidprodukten. Ich wollte diese Information zurückhalten, um die Mitarbeitenden nicht zu überfordern. Spontan erzähle ich nun doch von der Sternstunde im Atelier. Sage, dass ich noch gar nicht weiß, ob wir die Flippi-Fliegenscheiben überhaupt auf den Markt bringen werden. Mit der Kompensationsidee haben wir die viel größere Innovation, die wir mit vielen Produkten nutzen können. Die Mitarbeitenden bleiben weiterhin stumm.

Frau Diering hat sich für ihre Küche als Gesprächsort entschieden. Der Tisch ist festlich mit einer weißen Leinendecke für acht Personen gedeckt. Zusammen mit einer Freundin, die auch zum Initiativkreis gehört, kocht sie Kaffee. Wir haben zehn Stück Schwarzwälder Kirschtorte mitgebracht.

Um drei Minuten nach zwei kommt Karl Klasen, wie eine deutsche Eiche stellt er sich neben Frau Diering und sagt kein Wort. Dann kommen nacheinander Herr Klatt-Milsmann, von allen nur Häuptling genannt, und Herr Steffen, der in zweiter Generation einen Rosenzuchtbetrieb führt.

Frau Diering bittet uns, Platz zu nehmen, und sagt einleitend: »Ich finde es schon beeindruckend, dass Sie sich auf den Weg gemacht haben, ohne Vorwissen. Und sich einfach gesagt haben: Wir suchen uns jetzt ein Dorf!«

»Und dass Sie dann hier gelandet sind«, meint kritisch, fast vorwurfsvoll Herr Klasen. »Wieso Deppendorf?«

»Weil wir für unsere besondere Aktion einen überschaubaren, kleinen Ort brauchen«, sage ich. »Wir brauchen ein intaktes Dorfleben. Mit Menschen, die interessiert sind und Lust an Neuem haben.«

Ich erzähle von der gestrigen Tour, meinem Unternehmen, der Fliegenscheibe und den geplanten Ausgleichsflächen. Danach stellen Frank und Patrik das Atelier für Sonderaufgaben vor. Sprechen vom *Null Stern Hotel*, das Herr Klasen sogar aus den Medien kennt, über den gesellschaftlichen Wert von Insekten, die Notwendigkeit, sie auch einmal zu retten, und letztlich über den Ablauf der Aktion:

- Erste Woche: Dorfbewohner für die Idee gewinnen.
- Zweite Woche: Fliegen retten und in einem Fliegenresort sammeln.
- Am Donnerstag der zweiten Woche: kleines Fliegenfest.

»Der Höhepunkt soll eine Preisverleihung sein«, sagt Frank. »Dort werden wir die Frage: ›Wie viel Wert hat eine Fliege?‹ noch einmal richtig thematisieren. Nicht nur der Mensch soll gewinnen, sondern auch eine der geretteten Fliegen. Also wird nach einer kleinen Medienkonferenz ein Helikopter irgendwo auf der Wiese landen und das Gewinnerpaar fliegt übers Wochenende für zwei Nächte in ein Wellnesshotel – zusammen mit einer Fliege, die ebenfalls gelost wird.«

»Ist das nicht klasse?«, sagt Frau Diering und schaut die anderen voller Begeisterung an. Sie sagt noch einmal: »Ist das nicht klasse?« Die anderen wissen nicht, wie sie mit der Idee umgehen sollen. Sie schmunzeln nur.

»Es ist für mich als Künstler wichtig«, fährt Patrik fort, »konsequent zu sein. In unserer Konzeption heißt es: *Auch Fliegen brauchen einmal Ferien.* Diese Absurdität ist natürlich ein Köder für die Geschichte. Doch letztlich geht es um die Beziehung zwischen Mensch und Tier: Wie reagiert etwa die Fluggesellschaft, wenn ein Ticket für eine Fliege gebucht wird? Wie die Passagiere, denen die Stewardess mit Blick auf einen leeren Stuhl sagen muss: ›*Sorry, dieser Sitz ist besetzt, da sitzt eine Fliege drauf*‹? Wie das Gewinnerpaar, das zusammen mit einer Fliege seinen Urlaub verbringt? Um den Bogen zu schließen: Wie viel Wert hat eine Fliege? Nach der Aktion kann man zumindest sagen: 850 Euro! Der Preis für das Flugticket – und Herr Reckhaus ist bereit, diesen Preis zu zahlen. Ich finde das hochspannend. Gerade jetzt in einer Zeit, in der alle von Nachhaltigkeit sprechen, von Umwandlung, und von der Notwendigkeit, sich zu ändern.«

»Wir wollen filmisch alles festhalten«, ergänzt Frank, »der Film soll erst hier in Deppendorf gezeigt werden und danach auf verschiedenen Kanälen. Die Aktion soll zum Nukleus und Ausgangspunkt einer unternehmerischen und einer gesellschaftlichen Verwandlung werden.«

TRANSFORMATION EINES UNTERNEHMENS ODER REINE KUNSTAKTION?

Endlich, nach 45 Minuten, meldet sich Herr Klasen zu Wort: »Für mich ist das ein Kunstprojekt. Das hat mit Wirtschaft nichts zu tun. Sie, Herr Reckhaus, sponsern im Hintergrund. Das Kunstprojekt spricht für sich. Es ist ein bisschen durchgeknallt. Das macht die Leute neugierig. Da muss man für die Vermarktung nicht viel tun. Wenn man ein paar Stiche setzt, kommt die Presse von selbst. Auch das Fernsehen. Und dann wird gesagt: Deppendorf, die Deppen drehen wieder komplett durch. Jetzt retten die Fliegen! Das Ganze funktioniert nur, wenn es Kunst ist und so angekündigt wird. Auf Sie, Herr Reckhaus, kommt man automatisch. Die Presse ist ja neugierig und will wissen, wer dahinter steckt.«

»Ich finde das absolut richtig, was Sie sagen«, entgegnet Patrik. »Doch unsere Arbeit wäre nicht möglich, wenn die Wahrhaftigkeit von Herrn Reckhaus nicht wäre. Ich denke, dieses Scharnierprinzip zwischen Kunst und Wirtschaft ist ein Novum. Alle reden von Interdisziplinarität. Ein geflügeltes Wort in unserer Gesellschaft, aber das, was wir vorleben, ist genau das: Kunst und Unternehmen kommen zusammen. Wenn man es nur als Kunst plakatiert, dann sagen die Leute: Ah Kunst, was sonst. Aber wenn es die Polarisierung mit sich bringt und wenn es jemand macht, der eigentlich eine Firma gegen Insekten hat, wird es spannend. Dann fragen die Leute: Worum geht es hier? Das passt doch nicht zusammen! Dann kommt das Gespräch in Gang. Ehrlichkeit ist das Wichtigste. Auch den Medien gegenüber. Wenn die denken, dass es nur ein Gag ist, dass wir nur Publizität und Werbung wollen, dass es eine reine Markengeschichte ist, werden sie nicht kommen.«

Nach und nach gewinnt die Diskussion an Fahrt. Alle beteiligen sich. Erzählen auch vom Dorf und den letzten Aktionen. Gegen 17 Uhr muss ich die aufgewühlte Stimmung bremsen, Frank und Patrik müssen zum Flughafen. Wir verabreden, dass wir bei der übernächsten Sitzung des Initiativkreises in zwei Monaten unsere Aktion noch mal allen Mitgliedern präsentieren werden.

H Warum kniest du dich so rein? Der Schaden, den du mit deinen Produkten anrichtest, ist vergleichsweise gering. Schau dir Insektizidhersteller an, die Produkte für den Garten herstellen oder die Landwirtschaft. Freunde, die mir diese Frage stellen, haben natürlich recht. Ich mache »nur« Produkte für die Anwendung im Haus wie Insektensprays, Kleidermotten- und Fruchtfliegenfallen. Und ich bin froh darum. Im Garten und in der Landwirtschaft werden viel mehr Insekten getötet als in privaten Haushalten. Doch ist der Blick auf die noch viel schlechtere Ökobilanz von Konkurrenten ein Freibrief, weiterzumachen wie bisher? Oder geht es nicht in aller erster Linie um HALTUNG? Wie stehe ich zu dem, was ich tue? Kann ich weiterhin guten Gewissens meine Produkte herstellen und damit Geld verdienen? Die Antwort auf diese Fragen muss letztlich jeder für sich selbst beantworten und dann die Konsequenzen ziehen. (➔ E)

STUFE 3

JUNI Frank, Patrik und ich arbeiten intensiv an unserer Idee. Obwohl wir nicht wissen, ob wir in zwei Monaten die Deppendorfer wirklich überzeugen können. Zudem treffen wir unsere beiden Agenturen, die sich als Konkurrenten zu einer einmaligen Arbeitsgemeinschaft zusammengefunden haben, ihr Name: *Festtag*. Sie bieten an: Entwicklung und Gestaltung einer neuen Firmen-Corporate-Identity, Internetseite, Dr.-Reckhaus-Marke, Layout für die Fliegenscheibe, Label für die bekämpfungsneutrale Bekämpfung, Kommunikationskonzept für die Kunstaktion. Ich sage zu.

Mit unserem Insekten-Fachmann Daniel treffe ich mich mehrmals. Wir erarbeiten eine Philosophie für das Gütesiegel, das wir, wie Marcus Gossolt vorgeschlagen hat, Insect Respect nennen wollen, und besprechen das Kompensationsmodell. Der Biologe präsentiert eine von seinem Chef erarbeitete einzigartige, insektenfreundliche Wertfaktorensystematik. Die Basis dafür bildet ein Punktemodell, das bereits seit Jahren von staatlichen Stellen für die Ausgleichsberechnung bei baulichen Eingriffen in der Landschaft verwendet wird. Anhand von fünf Wertfaktoren wird die Attraktivität für Gliederfüßer und damit die zu erwartende Biomasse ermittelt. Die geplanten Maßnahmen zum Anlocken der Gliederfüßer sind zahlreich: Anreicherung des regionalen Bodensubstrates mit mineralischen Zuschlagsstoffen auf mindestens zwölf Zentimeter, dazu mehrere Anhügelungen mit Höhen bis zu 50 Zentimetern, Ausstreuung einer Samenmischung mit 25 Kräutern und sechs verschiedenen Sedumsprossen, dazu artenreiche heimische Totholzhaufen und Steinhaufen aus Muschelkalk.

NICHT 100 LEBENDE FLIEGEN FÜR 100 GETÖTETE FLIEGEN

Das Naturparadies soll vielen unterschiedlichen Insektenarten ein neues Zuhause geben und damit die lokale Biodiversität erheblich fördern. Wir würden also nicht 100 Fliegen gegen 100 Fliegen aufwiegen. Vielmehr würden wir den Eingriff in die Fliegenpopulation durch die Schaffung eines neuen Lebensraumes etwa für Käfer, Wanzen, Ameisen, Fliegen, Mücken, Bienen und Schmetterlinge kompensieren. Dünger und Pestizide sind nicht nötig.

Auch kein Wasser. Die Areale werden extensiv angelegt und benötigen keinerlei Pflege.

Nachdem Daniel nach Bielefeld gereist ist und vor Ort Fachpersonen getroffen hat, kann er mir auch konkrete Pläne für die Begrünung unseres Flachdachs zeigen.

»Damit kannst du in den ersten zwölf Monaten insgesamt 17 000 Packungen mit jeweils vier Fliegenscheiben kompensieren. Im zweiten Jahr ist die Fläche wieder frei und kann aufgrund ihrer natürlichen Entwicklung 35 000 Produkte ausgleichen, in fünf Jahren sogar an die 50 000. Demgegenüber stehen einmalige Begrünungskosten von 10 000 Euro sowie ein geschätzter jährlicher Monitoringaufwand von 1000 Euro.«

Schnell berechne ich den Zeitraum von fünf Jahren: Kompensation von 157 000 Packungen geteilt durch 15 000 Euro bedeutet eine Kostenbelastung von knapp 0,08 Euro pro Produkt. Ich atme auf. In den letzten Tagen hatte ich große Sorgen, dass die Kompensation sehr viel teurer werden würde und wir unsere ökoneutrale Insektenbekämpfung überhaupt nicht verwirklichen könnten. Einen Beitrag von weniger als zehn Cent pro Packung sollte der Konsument bereit sein, zu zahlen!

Ein größeres Problem allerdings ist der Zustand des Daches. Damit es das blumenreiche Insektenmärchenland auch tragen kann, muss die vorhandene Konstruktion vollständig erneuert werden, Kosten: rund 20 000 Euro. Daniel weist mich auf die langfristigen Vorteile der Investition hin: Im Sommer wird die Verwaltung angenehm kühl sein und im Winter muss ich weniger heizen. Außerdem stammt das Dach aus den 1970er-Jahren, in den kommenden zehn Jahren wird es sowieso fällig. Ich gebe Daniel und unserem Architekten grünes Licht. Unser Verwaltungsgebäude wird für die Baumaßnahme vollständig eingerüstet.

JULI Frank und Patrik stellen mir in einem Bielefelder Hotel Jelena Gernert, unser neues Teammitglied, vor. Die Filmproduzentin arbeitet schon länger mit den beiden zusammen und soll unsere Aktion von nun an mit einer großen Kamera begleiten. Mit zwei Autos brechen wir auf nach Deppendorf, wir müssen den gesamten Initiativkreis überzeugen. Um 17.30 Uhr erreichen wir den verabredeten Treffpunkt, die Deppendorfer Mühle mit drei Veranstaltungsräumen. Wir entscheiden uns für den kleinsten Raum, unser Auftritt soll auf keinen Fall zu inszeniert wirken. Als 15 Mitglieder des Initiativkreises an ihren Tischen sitzen, rede ich knapp 20 Minuten über unser Unternehmen, die Wertfrage der Fliege, die Kompensations-möglichkeiten sowie meine Motivation, diese Aktion zu realisieren. Während der gesamten Zeit ist es in der Mühle still. Es wird nichts getrunken, nichts gegessen. Ungläubig und irritiert hören die Initiativleute den Ausführungen zu. Erst am Schluss berichte ich, dass wir mit Deppendorf die erste Fliegenrettungsaktion der Welt realisieren wollen. Ein Raunen geht durch den Raum. Nachdem Frank und Patrik die Aktion näher erläutert haben, meldet sich eine Frau und sagt:

»Was wir dafür brauchen, ist viel Selbstbewusstsein.«

»Das stimmt«, sagt Frank. »Aber wir können euch anstecken.«

 SCHWÖREN AUF DEN FLIEGENEID

Es folgt eine längere Diskussion über den Wert der Natur, das Bewusstsein, das unsere Idee stiften soll, und viele Details der Aktion vor Ort. Es wird aber nicht darüber gesprochen, ob man überhaupt bei dieser Aktion mitwirken möchte. Offensichtlich sind sich alle einig, dass unser Rettungsplan in Deppendorf umgesetzt werden sollte. Frank und Patrik erwähnen, dass wir alle hier im Raum die Idee für uns behalten müssten. Die Gefahr wäre zu groß, dass die Aktion von Anfang an boykottiert würde, wenn sie über Dritte weitererzählt wird. Spontan fordere ich alle auf, uns in einem Kreis aufzustellen und uns die Hand zu reichen. Dann sage ich: »Sprecht mir nach: Wir schwören auf den Fliegeneid und halten unseren Mund.« Zu meinem Erstaunen machen alle mit.

Zurück im Auto sagt Frank zu mir:

»Das war ein mutiger Schritt von dir, Hans. Fast stockte mir der Atem. Im ersten Moment dachte ich, es könnte echt zu viel sein und die Sache droht zu kippen.«

»Ich auch. Aber es war so viel Energie im Raum. Allen war es wichtig.«
»Eine hat mir gesagt, sie könne heute Nacht bestimmt nicht schlafen«, sagt
Patrik von der Rücksitzbank aus. »So sehr fessle sie die Idee.«
»Wir wissen ja, wovon sie redet«, sage ich. »Wenn du das erste Mal von
dieser Idee hörst, macht es Klick und die Idee lässt dich nicht mehr los.«

———————

Am nächsten Tag treffen wir uns alle in der Firma. Die Vorbereitungen
gehen weiter. Daniel ist ebenfalls aus der Schweiz angereist, um das Kompensationsmodell zu präsentieren. Alle Verwaltungsmitarbeitenden, mein
Bruder, sogar meine Mutter hören meinen Ausführungen zu.
30 Minuten lang stelle ich die Strategie vor, wie die bekämpfungsneutralen
Dr.-Reckhaus-Produkte und das erste Gütesiegel für ökoneutrale Insektenbekämpfungsprodukte unsere Unternehmenszukunft sichern sollen. Ich
berichte davon, dass die Innovation der Kompensation so stark ist, dass
wir weltweit Erfolg haben können. Folglich werden wir das Kompensationsmodell, die Markenrechte für Dr. Reckhaus sowie das geplante Gütesiegel in der gesamten westlichen Welt rechtlich schützen lassen. Ich
bitte um Fragen, aber niemand meldet sich. Also erkläre ich den geplanten Marktverlauf.

WIR DRÄNGEN DEN MARKT ZURÜCK!

»Vordergründig ist es ein Widerspruch, dass wir über den Wert von Insekten reden und gleichzeitig Produkte verkaufen wollen. Aber! Wir müssen
anerkennen, dass die Konsumenten zu viele Bekämpfungsprodukte anwenden. Es darf nicht das Ziel sein, die Produkte zu verharmlosen und den
Markt größer zu machen. Genau das Gegenteil! Wir werden den Wert der
Insekten thematisieren und damit die Menschen motivieren, weniger Produkte einzusetzen. Das ist vielleicht unser größter ökologischer Beitrag:
Wir drängen den Markt zurück! Wenn sich bei gestiegenem Bewusstsein
für Insekten herumspricht, dass es eine Marke gibt, die sich für Insekten

einsetzt, dann werden die anderen Marken, die nichts für die Natur tun, abgestraft. Der Konsument wird weniger Biozide einsetzen, und wenn, dann nur mit Kompensation. Ob nun Dr. Reckhaus oder Produkte, denen wir unser Gütesiegel anbieten, egal: Wir werden zum neuen Verständnis im Umgang mit Bioziden!«

Ich übergebe das Wort an Daniel, der zehn Minuten das Kompensationsmodell erläutert, dann berichten Frank und Patrik über den neuesten Stand unserer Aktion.

Begeistert und gerührt fängt meine Mutter als Erste an zu klatschen. Nach einigen Augenblicken folgen ihr die anderen und klatschen auch. Aus Höflichkeit.

Tage später bitten mich Frank und Patrik um ein Gespräch über vertragliche Regelungen. Als ich die Sonderaufgabenhochburg betrete, ist das Klima kühl. Patrik kann mich kaum anschauen und Frank legt mir ein vierseitiges Papier vor. Schriftlich halten sie die Erkenntnis fest, dass aufgrund meines Vortrags in der Firma nun klar sei, dass sie mit ihrer Idee der »Gegenbewegung« für unser Unternehmen ein »riesiges, internationales Potenzial aufgerissen« hätten. Sie allein seien die Urheber der »pionierträchtigen Unique Selling Proposition (USP)«, die nun an den »plötzlichen Millionenumsätzen« beteiligt werden müssen. Konkret fordern sie für die Aktivierung des Kunstwerkes einen symbolischen Bonus und für die Aktivierung des neuen Labels zehn bis 20 Prozent der jährlichen Lizenzeinnahmen.

Was habe ich mit meinem Vortrag vor zwei Tagen in Bielefeld angerichtet, sind meine ersten Gedanken. Ich habe das große Potenzial der Gegenbewegung beschrieben. Gleichzeitig war und bin ich gespalten: Hin und her geworfen zwischen der sich fragil und utopisch anfühlenden Vorstellung, dass unsere Pläne in wenigen Jahren aufgehen werden, und der fest verankerten, realistischen Auffassung, dass wir unsere Ziele in den nächsten 20 Jahren nicht erreichen können. Aufgrund unserer Geschäftsbeziehungen mit Drogeriemärkten und Discountern, mit denen wir seit Langem über 0,01 Cent pro Produkt verhandeln, weiß ich, dass die Handelsunternehmen nicht bereit sind, pro Produkt gleich zehn Cent und mehr für eine vordergründig betrachtet verrückte Kompensation auszugeben, und wir entsprechend viele Jahre brauchen werden.

DIE KUNST NICHT AUSPRESSEN BIS AUF DEN LETZTEN TROPFEN

Franks und Patriks Überlegungen verstehe ich sehr gut. Sie sind ganz allein die Urheber der Idee der Gegenbewegung. Gleichzeitig spüre ich eine große Beklemmung. Ich kenne keine langfristigen Verpflichtungen. Noch nicht einmal Leasingverträge schließe ich ab. Die beiden wollen nun für nur einen Geistesblitz, dass ich ein Leben lang zahle. Und ihre Forderungen! Sie wollen zehn bis 20 Prozent der Einnahmen! Mit dem vorgelegten Papier ziehen sie eine deutliche Grenze zwischen uns. Wörtlich schreiben sie: Die Kraft der Kunst ist ein Segen – man darf sie nur nicht auspressen, bis sie keinen Tropfen mehr gibt. Erschrocken von ihren Forderungen, bitte ich die beiden um ein weiteres Gespräch. Ich brauche ein paar Tage zum Nachdenken.

Eine Woche später. Ich lege ein umfangreiches Papier mit neun Punkten vor. Ich weise darauf hin, dass ein Erfolg nicht ohne Investitionen, meine Arbeitszeit, unsere Marktreputation und unternehmerisches Risiko möglich sei, und frage, wie diese Dinge bewertet werden sollen. Zusätzlich müsste berücksichtigt werden, dass ich einen »entscheidenden Anteil an der Kompensationsidee« und selbst das Geschäftsmodell entwickelt habe. Schließlich führe ich aus, dass auch Unternehmensberatungen mit Honoraren bezahlt werden und anschließend keine Forderungen mehr haben. Es sei »die Sache des Unternehmers, was er aus den Ratschlägen macht«. Die beiden hören genau zu, fragen nach.
»Hans, wir verstehen nicht alle Punkte. Aber wir sind bereit, dass wir erst dann Forderungen an dich haben, wenn alle Investitionen eingespielt sind«, sagt Frank.

»Das finde ich sehr fair. Aber in einer solchen Lösung liegt auch viel Willkür. Wie sollen wir meine Arbeitszeit berechnen und die vielen anderen Dinge, die ich schon skizziert habe? Das ist nicht sauber zu regeln.«

Wir diskutieren weiter und können uns nicht einigen. Schließlich mache ich einen Vorschlag: »Die Lösung ist unsere Freundschaft! Wie viel Wert hat unsere Freundschaft? Ich könnte nicht mit der Vorstellung leben, dass ich Millionen durch eure Idee generiere und ihr nichts davon erhaltet.« Die beiden verstehen meine Überlegungen sehr gut. Wir kommen aber nicht weiter und verschieben das Thema.

AUGUST Die Rettungsaktion rückt näher. Nur noch zehn Tage. Ich präsentiere den Mitarbeitenden und meinem Bruder die neue Reckhaus-Internetseite und die neue Dr.-Reckhaus-Fliegenscheiben-Verpackung: eine aufwendig gestaltete Faltschachtel, bestehend aus zwei Teilen, die sowohl über die Wirksamkeit des Produktes als auch über den Wert von Insekten informiert. Unser Ziel, die Reduzierung oder gar Vermeidung von Insekten-bekämpfungsprodukten, steht unmissverständlich drauf. Dazu ein Quick-Response-Code, der direkt auf die Darstellung der Ausgleichsfläche im Internet führt, und unser Gütesiegel: ein grüner Kreis, der einerseits die Welt darstellt und andererseits als Käfer gesehen werden kann. Darunter spannt sich der Name: Insect Respect. Zum Abschluss erzähle ich noch, dass wir die Rettungsaktion auf einen Tag verkürzen und auf eine Pressekonferenz verzichten. Warum? Ein Studienfreund und Medienprofi hat mich davon überzeugt, dass es unmöglich sei, das Dorf gleich mehrere Tage zum Retten zu motivieren. Und eine Pressekonferenz, zu der möglicherweise keine Presse kommt, sei einfach nur peinlich.

Ich muss meine Ausführungen beenden. Ich habe einen Termin mit Herrn Berger von der Sparkasse. Der Termin ist sehr wichtig. Ich muss ihn über unsere Kunstaktion und unsere neue Ausrichtung informieren, bevor er da-rüber in der Zeitung liest. Wir stellen die Möbel um, lüften den Raum und ich empfange den Banker, der nicht weiß, was ihn erwartet.

Zunächst erzähle ich in Ruhe vom guten Geschäftsverlauf und der damit verbundenen Umsatzsteigerung. Viel wichtiger sei jedoch, dass alle Kunden

Edward Wilson, der renommierte amerikanische Entomologe, hat errechnet, dass wir Menschen ohne INSEKTEN nur wenige Monate überleben könnten[1]. Höchste Zeit also, sich bewusst zu machen, welchen Wert Insekten haben. Zahlen und Fakten für alle, die Zahlen und Fakten brauchen[2]:

- Pflanzenarten weltweit, die von Insekten bestäubt werden: 90 Prozent[3]
- Anteil von Insektenlarven an der Ernährung von Süßwasser-Speisefischen: 90 Prozent[4]
- Wirtschaftlicher Wert, den Insekten pro Jahr durch Bestäuben und Samentransport leisten: bis zu 577 000 000 000 US-Dollar[5]
- Wirtschaftlicher Wert, den Marienkäfer für den Pflanzenschutz leisten, indem sie unter anderen Läuse fressen (erhoben für die USA): 4 500 000 000 US-Dollar[6]

- Blüten, die eine einzige Hummel pro Tag bestäuben kann: bis zu 3800[7]
- Nicht nur Vögel verspeisen Insekten, sondern auch Amphibien, Reptilien und Säugetiere wie Igel, Maulwürfe, Fledermäuse, Waschbären und selbst Menschenaffen.
- Insekten infizieren Nagetiere wie Ratten mit tödlichen Bakterien und halten so deren Bestände in Schach.
- Wie Regenwürmer durchpflügen auch Insekten den Boden und halten ihn gesund und fruchtbar.
- Insekten sind die wichtigsten Wiederverwerter auf unserem Planeten und zersetzen für uns Aas, Dung, Totholz, Chemikalien.
- Baldrian, Lavendel, Melisse, Johanniskraut – ohne Insekten würde der globale Markt für Heilpflanzen zusammenbrechen.

1   Edward O. Wilson: *Der Wert der Vielfalt. Die Bedrohung des Artenreichtums und das Überleben der Menschen*. München 1997, S. 171
2   Wir Menschen brauchen für alles Zahlen und Fakten, ich kann das nachvollziehen, aber in puncto Insekten bringt es für mich letztlich die US-amerikanische Entomologin May Berenbaum auf den Punkt, wenn sie schreibt, dass sie die Fragen »Welchen Wert haben Insekten?« und »Insekten wozu?« reichlich unfair findet: »Schließlich verlangt von Ornithologen auch niemand, die Existenz der Vögel zu rechtfertigen. (...).« *Neue Zürcher Zeitung Folio*, »Unerwarteter Weltuntergang: Was geschähe, wenn plötzlich alle Insekten aussterben würden«. Juli 2001, S. 18
3   Stephan L. Buchmann: The Forgotten Pollinators. Washington D. C., 1996
4   May Berenbaum, 2001
5   Heinrich-Böll-Stiftung; BUND, Le Monde Diplomatique: *Insektenatlas 2020*. Berlin 2020, S. 38
6   Ebenda
7   Ebenda, S. 10

zufrieden sind und auch nächstes Jahr bestellen wollen, ergänze ich zukunftsweisend.

Ich stehe auf und fange an, auf der großen schwarzen Wandtafel praktisch den gleichen Vortrag zu skizzieren, den ich im Juni vor meinen Mitarbeitenden gehalten habe. Vorsichtig erwähne ich die Gefahren, die in den nächsten Jahren auf unser Geschäft zukommen, erzähle in wenigen Worten vom Dialog mit der Kunst, um dann das große, befreiende Marktpotenzial der neuen Ausrichtung zu beschreiben. Ich zeige am Laptop die neuesten Entwürfe unserer Corporate Identity und stelle die Dr.-Reckhaus-Fliegenscheibe in die Mitte des Tisches. Erst ganz zum Schluss erwähne ich, dass wir noch eine kleine Rettungsaktion realisieren werden.

»Das ist großartig. Sicherlich unserer Zeit voraus, aber wenn Sie Schritt für Schritt vorangehen, wird das langfristig ein Erfolg. Vielleicht denken Sie da ja auch schon in Generationen. Gratulation. Was sagen Ihre verehrten Eltern dazu, werden sie bei der Aktion dabei sein?«

»Nein, die beiden treten die erste Kreuzfahrtreise ihres Lebens an, um möglichst weit weg von Bielefeld zu sein.«

Bei der Verabschiedung lade ich Herrn Berger herzlich zum Rettungstag ein. Er bedankt sich und verneint, er hat just an diesem Tag einen privaten Termin. Auch meine Familie wird sich nicht blicken lassen – sie haben eher Angst, auf irgendwelchen Fotos zu sein, die dann in der Presse erscheinen. Nur mein 15-jähriger Sohn Georg wird uns am Rettungstag unterstützen.

Am Tag der geplanten Dorfinformation fährt nachmittags bei schönstem Wetter ein moderner Sattelschlepper aus der Schweiz auf den Hof von Gundula und Hartwig Diering in Deppendorf. Zusammen mit fünf Mitarbeitenden von uns, meinem Bruder, Frank, Patrik und Jelena lade ich die mysteriöse Kunstladung ab: mehrere fünf Meter hohe, stabile Holzkonstruktionen, beklebt mit wetterfester, farbig bedruckter Pappe. Darauf bin ich in Übergröße zu sehen, auf der Hand eine kleine Fliege. Das Insekt und ich sollen eine Woche lang an den vier Dorfeinfahrten stehen und die

Autofahrer auf den Wert von Insekten und auf den Rettungstag aufmerksam machen. Anschließend packen wir den sehr aufwendig eingewickelten Fliegenrettungswagen aus. Das einzigartige mobile 5-Sterne-Fliegenresort wurde von einer Schreinerei in dem Appenzeller Dorf gebaut, in dem Daniel lebt. So konnte er den Bauprozess komplett begleiten. Die zwei Meter hohe und zwei Meter breite Wellnessoase für Insekten hat ein stabiles Eisenchassis und dicke aufgeblasene Kunststoffreifen.

»Was hat das Ding gekostet?«, fragt mein Bruder.

»Es ist perfekte Schweizer Wertarbeit«, sage ich zu Arne und nehme ihn flüsternd zur Seite. »10 000 Franken! Ich weiß, das ist verrückt. Aber dieses Mobil muss uns zuverlässig durch alle Stürme hier in Deppendorf begleiten.«

Am Abend erwartet das Dorf die Hintergründe zu der von uns freigegebenen Nachricht, die in den letzten Tagen im Dorf herumgeisterte: »Offizielle Information über ein Werk zweier Schweizer Künstler, das mithilfe eines Bielefelder Unternehmens und der Dorfgemeinschaft in Deppendorf realisiert werden soll.«

Die Feuerwehr hat für diesen Anlass extra für uns ihre Halle leer geräumt und Bierbänke für rund 100 Personen aufgestellt. Die Geräuschkulisse ist atemberaubend. Die kleine Halle platzt aus allen Nähten. Das ganze Dorf scheint da zu sein.

Karl und Reinhardt übernehmen die Begrüßung der über 300 potenziellen Retter und übergeben dann das Mikro an mich.

»Guten Abend zusammen«, sage ich. »Heute wird das Geheimnis gelüftet. Doch bevor wir starten, möchte ich Ihnen sagen, warum wir in Deppendorf sind. Deppendorf hat uns überwältigt.«

Ich stocke.

Heiterkeit bricht aus, alle klatschen begeistert.

Wieder erzähle ich von der Suche nach einem geeigneten Ort, über unsere Insektenbekämpfungsprodukte, den Dialog mit der Kunst und über die neuen Gedanken der Kompensation. Dann sind Frank und Patrik dran. Frank stellt das Atelier für Sonderaufgaben vor und erzählt mit wenigen Worten unsere Geschichte aus dem Blickwinkel der Kunst. Er weist noch

auf die Enthüllung des neben uns stehenden, vollständig abgedeckten
Objektes hin und übergibt das Mikrofon an Patrik.

»Ihr könnt euch nicht vorstellen, wie aufgeregt wir sind. Wie emotional
das Ganze ist. Die Idee bewegt uns täglich. Ich glaube, die Idee, die hinter
diesem Tuch versteckt ist, wird die Welt bewegen. Wir hoffen, dass ihr alle
das, was ihr gleich erfahren werdet, diese Emotion, diese Faszination,
ebenso spürt wie wir. Weil das, was hier drunter liegt, vermeintlich zwar
ein bisschen skurril, ein bisschen schräg sein kann. Es hat aber in uns
allen einen Prozess ausgelöst, und vor allem im Unternehmen von Herrn
Doktor Reckhaus. Hier nun das Objekt der Aktion.«

BEIFALL
KOPFSCHÜTTELN
BEIFALL

Frank geht die Enthüllung zu schnell. Wir drei haben vorher kein konkretes
Programm abgesprochen und verfügen auch über kein Redemanuskript.
Wir wussten einfach nicht, wie das Publikum reagiert. Am Wagen stehend
sagt Frank:

»Vielleicht noch etwas ganz Wichtiges: Wir haben etwas entwickelt, von dem
wir als Künstler sagen konnten, da können wir zu 100 Prozent dahinterstehen. Die Kunst lebt von der Freiheit, Dinge zu tun, die nicht primär ökonomisch sein müssen, sondern wo Leidenschaft regiert, Experiment und
Lust. Und das Motto hier war: Wir drehen einmal die Welt der Fliegen und
der Insektenbekämpfung um, sprich retten statt töten.«

Die Halle verstummt. Das scheint nun doch für alle zu überraschend zu
sein. Wenn unser Auftreten vorher von großer Sympathie begleitet wurde,
so entsteht in diesem Moment ein für alle spürbares Denkvakuum. Kleine,
leise Gespräche beginnen. Endlich ziehen Frank und Patrik das große, lila-
farbene Tuch vom rätselhaften Objekt herunter. Da steht er nun, ein unge-
wöhnlicher Glaskasten, in Holz eingeschlagen, mit einem schlichten, für
alle sichtbaren Aufkleber: Fliegen retten. Einige Augenblicke Stille, vielleicht
auch Entsetzen. Dann Beifall und Gelächter. Frank fährt fort:

»Das ist das sogenannte Fliegenhaus. Wir arbeiten mit einem Biologen zusammen. Das Interessante war herauszufinden, wenn du Fliegen retten möchtest, dann musst du sie einsperren. Das ist ganz absurd. Weil draußen viel zu viele Gefahren lauern: Vögel, die Natur und vor allem der Mensch. Und das hier ist ein Raum, wo alles für die Fliegen stimmt, vom Klima bis zur Nahrung.«

Frank erläutert den Ablauf der Rettungsaktion.

Als er darüber spricht, dass ein Fliegenretterpaar zusammen mit einer Fliege in ein Fünfstern-Wellnesshotel reisen wird, gibt es wieder großes Gelächter.

»Die ganze Aktion mag vielleicht schräg klingen«, sagt Patrik, »ist sie aber nicht, wenn man es ernst meint.«

Erneutes Gelächter bricht aus. Patrik hingegen bleibt ganz ungerührt und spricht weiter.

»Die Fliege wird am Sonntag, den 2. September, mit dem Hubschrauber direkt nach Paderborn fliegen und dann bei der Lufthansa einchecken.«

Frank holt die Fliegenreisebox hervor und zeigt sie dem staunenden Publikum, während Patrik weiterredet.

»Die Fliege bekommt eine Flugsitznummer und die spannende Diskussion ist: Ist dieser Platz nun besetzt oder nicht? Diese Frage kommt nur auf, wenn man der Fliege keinen Wert beimisst. Dieses Spiel mit dem zwiespältigen Verhältnis zwischen Mensch und Insekt wollen wir thematisieren. Aber eben nicht als sauglatte Idee, sondern als ernsthafte Neuigkeit – zusammen mit einem Dorf. Wir möchten diese Stimmung und diese Energie hier nutzen, um der Welt diese Geschichte zu erzählen. Ihr seid die Ersten, die davon erfahren, was in Deppendorf geschehen wird. Natürlich! Weil Deppendorf ab dem Tag der Aktion nicht mehr der gleiche Ort sein wird wie vorher.«

Große Heiterkeit und spontaner Beifall von vielen.

»Letztlich ist die Geschichte auch für uns spannend: Was passiert, wenn ein Unternehmer sich mit der Kunst vereint und die Kunst siegen lässt! Kann die Geschichte als Metapher verstanden werden, für ganz viele Sachen, die in unserer Gesellschaft vielleicht nicht gut laufen, die schlecht sind.

Am Montag geht eine Pressemitteilung raus und in diesen Minuten schalten wir eine Internetseite frei: fliegenretten.de. Dort findet ihr nützliche Informationen.«

Nach einer knappen Stunde sind wir am Ende unserer Ausführungen und stehen für Fragen zur Verfügung:

Habt ihr euch Gedanken darüber gemacht, ob es die Fliegen glücklich macht, wenn sie eingesperrt sind?

Was machen wir mit einer Eintagsfliege?

Wenn wir die Fliegen eingesperrt haben, werden wir an der Mimik erkennen, dass die Fliegen wirklich fröhlich sind?

Haben Fliegen überhaupt eine Mimik?

Was passiert mit den Fliegen, die da in den Wagen gerettet werden? Werden die auch eines natürlichen Todes sterben?

Nachdem wir alle Fragen beantwortet haben, stellt mich Reinhardt dem Feuerwehrchef vor. Wir haben die Hoffnung, dass er mit seinen Männern und Frauen das Fest aktiv unterstützen kann. Die Feuerwehrleute sagen zu. Sie wollen eine Bar im Zelt und einen Bierwagen außerhalb des Zeltes aufbauen. Es soll Bratwurst und Pommes geben, alles zu hundert Prozent in Eigenregie und auf eigene Kasse. Ich soll bitte lediglich den Strom sowie die Rettungssanitäter stellen. Kurz vor 23 Uhr steigen Frank, Patrik und ich wieder in mein Auto. Wir holen tief Luft. Der Start hätte nicht besser sein können.

Am Dienstagmorgen um 8.30 Uhr schreibt mir der Chefeinkäufer eines international tätigen Handelskonzerns und mit Abstand unser größter Schweizer Kunde per E-Mail: »Herzlichen Glückwunsch zu Ihrer Modelkarriere.« Im Anhang findet sich ein Handyfoto von einem Presseartikel der auflagenstärksten Zeitung der Schweiz, *20 Minuten*. Der Titel: »Riklins wollen Fliegen helfen«. Dazu ein Foto, das zeigt, wie Frank, Patrik und ich den Fliegenrettungswagen über eine Wiese in Deppendorf schieben.

Modelkarriere, denke ich, so nach dem Motto, dass ich mein Geschäft schon aufgegeben habe und nun andere Ziele verfolge. Der Kunde muss sich nach der Lektüre des Artikels Sorgen um unsere Geschäftsabsichten machen. Bevor ich zum Telefonhörer greife, halte ich erst einmal inne. Ich versuche, meine Gedanken zu ordnen. Ohne Erfolg. Wie soll ich ihm während eines Telefonats erklären, dass wir auch weiterhin mit hundertprozentiger Kraft für ihn da sein werden und er sich um das bestehende Geschäft keine Sorgen machen muss. Nein, das kann nicht gelingen! Ich muss reagieren, sofort. Ich rufe ihn an und bitte kurzfristig um einen Termin.

Am Tag vor der Rettungsaktion sitzen Frank, Patrik, Jelena, Arne, Daniel und ich auf Klappstühlen vor dem großen Festzelt, das wir zusammen mit Leuten aus dem Dorf auf einer Wiese direkt am zentralen Verkehrsknotenpunkt in Deppendorf aufgestellt haben. Ein letztes Mal wollen wir uns abstimmen. Nachdem wir den geplanten Ablauf des morgigen Tages in Ruhe durchgegangen sind und noch viele kleine Aufgaben festgelegt haben, machen Frank, Patrik und ich einen kleinen Spaziergang.

ALLES NUR VERSTEHEN SIE SPASS?

»Ein Fernsehteam vom *Westdeutschen Rundfunk* kommt morgen!«, sage ich. »Ich habe mit dem Journalisten lange telefoniert, er ist sich immer noch unsicher, ob unsere Geschichte stimmt.«
»Ich finde es gut, dass die Medien verunsichert sind. Das ist ein Kompliment für unsere Arbeit,« erwidert Patrik trocken.
»Ja, eine gewisse Unsicherheit ist bei allen zu spüren«, sage ich. »Die Deppendorfer trauen uns. Aber vielleicht ist da noch ein ganz kleines Quäntchen Ungewissheit: Packt der Doktor Reckhaus am Samstagabend um 19 Uhr, wenn alle Medien da sind, ein riesiges Werbeplakat aus, auf dem steht: Dr.-Reckhaus-Insektenbekämpfungsprodukte? Oder eine Art Kurt Felix kommt um die Ecke und sagt: Verstehen Sie Spaß? Das hat auch

der *WDR*-Journalist zu mir gesagt: Sind Sie sicher, dass die Künstler Sie nicht reinlegen? Nach dem Motto: Die Kunst wollte nur einmal zeigen, wie intensiv sich ein Unternehmer auf den Arm nehmen lässt – und ein Dorf mit dazu.«

SEPTEMBER Der Deppendorfer Himmel ist wolkenlos. Die Sonne scheint und 20 Grad Lufttemperatur versüßen unseren lang ersehnten Tag der Rettung. Um 9 Uhr soll das offizielle Programm starten, um 8.30 Uhr ist unser Team vollzählig: Frank, Patrik, Jelena, Daniel, Arne, mein Sohn Georg und Marcus Gossolt, der die Aktion vor Ort live miterleben möchte. Gundi und mehrere Frauen vom Initiativkreis bereiten an der rechten, vorderen Seite des Zeltes ein großes Buffet vor mit Brötchen, Brot, Aufschnitt, aber auch Kuchen und viel Kaffee. Die »initiativen« Männer überraschen uns mit ihrer Kleidung: Alle tragen Fliege.
Das sechs Meter hohe, 20 Meter breite und 30 Meter lange Festzelt ist mit 250 Stühlen und 35 Tischen bestückt. In der Mitte steht der Fliegenrettungs-wagen auf einem Podest. Quer davor hat Daniel gleich mehrere Tische auf-gebaut, an denen jetzt sein Team sitzt: fünf Mitarbeiterinnen aus unserer Produktion. Jede gerettete Fliege wird zunächst von ihm begutachtet und später von seiner Mannschaft dokumentiert. Anschließend wird das In-sekt von Georg und einem Jungen aus dem Dorf in den Wagen eingeführt. Bereits um 9 Uhr tummeln sich circa hundert Personen mit ihren Fliegen im Zelt.
Der Initiativkreis hat es geschafft, den höchsten politischen Vertreter der Region für die Eröffnung der Veranstaltung zu gewinnen. Der mir völlig unbekannte Herr im dunklen Anzug, weißen Hemd und gesetzter Krawatte spricht fünf Minuten. Er habe sich aufgrund der Anfrage mit Fliegen be-schäftigt und sei überrascht, wie nützlich diese Insekten seien.
»Ich denke, dass diese Aktion uns vielleicht bewusst macht, wie wichtig diese Insekten für unser tägliches Leben sind«, schließt er seine Rede und wünscht viel Erfolg.
Schon um zehn Minuten nach zehn sendet Radio Bielefeld live aus Deppendorf. Der Sender hat in den letzten Tagen schon mehrfach im

Frühstücksprogramm über uns berichtet. Wörtlich nannten sie mich »verrückt und dämlich«. Das alles sei nur billige PR und ich hätte »einen an der Fliegenklatsche«.

Gerade interviewt der Sender mehrere Fliegenretter und verspricht, im Laufe des Vormittags die Hörer weiter auf dem Laufenden zu halten. Dann führt der junge Reporter noch ein kurzes, umgehend gesendetes Interview mit mir. Wirklich ausreden lässt er mich nicht. Dafür eine hörbar ältere Deppendorferin, die abseits des Trubels in ihrem Garten buddelt.

»Sie fangen gar keine Fliegen?«

»Wir haben keine Fliegen.«

»Was sagen Sie zu der Aktion *Fliegen retten in Deppendorf*?«

»Ich halte da nichts von. Fliegen sind für mich keine nützlichen Tiere. Die machen nur Ärger.«

»Sie hauen drauf?«

»Ich hau drauf. Ganz schlicht und einfach: Ich haue drauf.«

Ich denke an meine Mitarbeitenden: Wie gehen sie mit all dem Spott um? Die Kommunikation war in den letzten Tagen merklich abgekühlt. Gleichzeitig strömen immer mehr Menschen in das Rettungszelt und bringen Fliegen in ganz unterschiedlichen Gefäßen mit. Auch unsere Mitarbeitenden treffen ein, vollständig, aber ohne Insekten. So wie auch Arnes Familie und ein alter Bekannter von mir mit Frau und Kindern. Ansonsten lässt sich keiner aus meinem großen Freundes- und Verwandtenkreis blicken.

Mehrere Fliegenretter haben für Frank, Patrik und mich liebevolle Aufmerksamkeiten mitgebracht: darunter ein aufwendig gestaltetes Insektenmodell und mehrere Flaschen selbst gebrauten, hochprozentigen Fliegenabflugdiesels. Der Initiativkreis stimmt mehrmals sein extra einstudiertes Lied *Nur noch kurz eine Fliege retten* an, die Melodie ist die von Tim Bendzkos Vorjahreshit *Nur noch kurz die Welt retten*. Von Mal zu Mal singen mehr Besucher mit.

Um 19 Uhr ist das offizielle Retten zu Ende. Wir sind zufrieden: 800 Besucher, 902 Fliegen. Als die Ziehung des Gewinnerpaares erfolgt, ist der Bereich zwischen Eingang und Podest mit Fliegenwagen sehr stark gefüllt. Das Los fällt auf Ulrich Höhne und seine Partnerin Andrea aus Bielefeld.

Die Freude der beiden ist so unglaublich groß, dass sich gewaltiger Jubel ausbreitet. Das Zelt bebt.

Am nächsten Morgen teilen wir uns auf. Frank, Patrik, Daniel und Jelena, die mit dem Siegerehepaar in den Wellnessurlaub fliegen soll, sind in Deppendorf. Ich fahre mit meinem Sohn zum Paderborner Flughafen. Wir machen uns Sorgen, dass die Fliege trotz Flugticket nicht einchecken darf.
In Deppendorf wählt Daniel eine kleine Fliege aus dem Rettungswagen aus. Sie ist die Gewinnerfliege, der Frank, Patrik und ich bereits vor vielen Wochen beiläufig den Arbeitsnamen Erika gegeben haben.
Kurz vor 9 Uhr versammeln sich an die 100 Dorfbewohner auf dem Zeltplatz. Wieder ist Radio Bielefeld anwesend und interviewt diesmal das Siegerpaar, im Hintergrund ist bereits der Hubschrauber zu hören. Mit der Hubschrauberfirma habe ich mehrfach telefoniert und ihnen erklärt, dass ich die Namen der Passagiere aufgrund eines Preisausschreibens im Vorfeld nicht bekannt geben könne. Natürlich habe ich ihnen auch nicht von der Rettungsaktion erzählt, erst recht nicht von Erika. Wir können jetzt nur hoffen! Doch Frank gewinnt den Piloten schnell für unsere Aktion. Alles läuft nach Plan.

FLUGGAST ERIKA FLIEGE, EINSTEIGEN, BITTE

In Paderborn angekommen, holen Georg und ich die drei mit Erika direkt vom Hubschrauber ab und begleiten sie zum Check-in. Wir haben online ein Flugticket auf den Namen Erika Fliege gelöst. Ich stelle die Reisebox auf den Schalter und bitte die höfliche Dame der Lufthansa darum, dass unser Star zwischen Herrn und Frau Höhne sitzen könne. Wahrscheinlich eingeschüchtert von der großen, laufenden Kamera von Jelena, gibt uns die Frau umgehend die Boardingkarte. Wir verabschieden uns herzlich und das Retterpaar, Jelena und Erika fliegen mit einer Lufthansa-Linienmaschine nach München. Von dort geht es in einer Limousine weiter in das 5-Sterne-Hotel Schloss Elmau.

In den regionalen Medien sind wir omnipräsent. Radio Bielefeld bringt gleich mehrere Berichte über uns. Die *Neue Westfälische* nutzt unser Thema für ihre »Frage des Tages« an die Leser: Was denken Sie, soll man nun Fliegen bekämpfen oder leben lassen? Wir sind das Thema der Region.

Während Ulrich Höhne, seine Partnerin und Erika ihren Wellnessurlaub genießen, sitze ich unserem großen Kunden in der Schweiz gegenüber und erkläre ihm, dass ich keine Modelkarriere plane. Vielmehr würde ich auch weiterhin mit meiner vollen Kraft das konventionelle, bekannte Geschäft vorantreiben. Er könne sich auch in Zukunft zu hundert Prozent auf uns verlassen. Ganz langsam müsse sich aber unsere Branche in Richtung Nachhaltigkeit verändern. Seine Antwort:
»Hören Sie mir auf mit dem Begriff Nachhaltigkeit, Herr Reckhaus! Ich kann das nicht mehr hören. Wir sollen hier im Konzern alles auf Nachhaltigkeit ändern, und draußen interessiert das keinen Menschen. Ich halte von Ihren Ideen überhaupt nichts. Ich besorge Ihnen aber einen Termin bei unserer Nachhaltigkeitsabteilung.«
Ich weiß nicht, ob ich mich über seine Äußerungen freuen soll oder nicht. Mit gemischten Gefühlen steige ich in Zürich in das Flugzeug zurück nach Hannover.

Am Tag der Rückkehr werden wieder Mobiltelefone und Fotokameras hochgehalten. Zahlreiche Dorfbewohner und Journalisten von der *Neuen Westfälischen, Westfalen Blatt* und *Radio Bielefeld* stehen vor der alten Mühle und verfolgen, wie ich im Schritttempo auf dem schmalen Weg vorfahre. Ulrich und Andrea, die ich gerade vom Flughafen Paderborn abgeholt habe und mittlerweile duze, sitzen in der Karosse hinten und winken den Zuschauern zu. Jelena kniet rückwärtsgerichtet auf dem Beifahrersitz und filmt unsere Ankunft.
Ich steige aus und öffne dem heimgekehrten Rettungsbotschafter die Tür.
»Oh danke«, sagt Ulrich zu mir, bevor er sich an die Anwesenden wendet:

»Ich habe doch gewinkt wie die Queen, oder?« Vorsichtig nimmt er die Reisebox von der Rücksitzbank. Ein Mitglied des Initiativkreises übernimmt die offizielle Begrüßung: »Herzlich willkommen. Schön, dass ihr wieder da seid. Wie geht es Erika?«

Insekten können gefährliche Krankheiten übertragen, wie Gelbfieber, Malaria oder JAPANISCHE ENZEPHALITIS. Sie können ganze Ernten zerstören und Wälder kahl fressen. Und uns zu Hause mit ihren Stichen, ihrem Gesumme und ihrer Lust auf Wolle, Fruchtzucker und Getreide ziemlich nerven.

Um uns von den lästigen Sechsbeinern zu befreien, entwickelt meine Branche immer mehr Lösungen, mit und ohne Chemie. Obwohl wir längst wissen, dass wir den Kampf nicht gewinnen können – ohne unsere Waffen letzten Endes gegen uns Menschen selbst zu richten.

Um zu einem Leben im Einklang mit den Insekten zu kommen, gilt es zu verstehen, warum es überhaupt zu Konflikten kommt:

- Die allermeisten Probleme entstehen, weil wir Menschen zu stark und zu gedankenlos in die Natur eingreifen: Einkaufszentren auf der grünen Wiese, riesige Felder mit einer einzigen Sorte Getreide, neue Straßen und Autobahnen ... wohin sollen die Insekten fliegen und kriechen, wenn wir ihnen keine Ausweichmöglichkeiten lassen?

- Zur Plage werden vor allem von uns importierte Insekten, die keine natürlichen Feinde haben.
- Aufgrund des Klimawandels verschieben sich die geografischen Grenzen in Richtung Norden – und damit auch die natürlichen Lebensräume der Insekten.

Das sind nur drei Punkte, an denen wir ansetzen können: Anstatt die Tiere zu importieren, sollten wir sie in ihrer Heimat belassen. Anstatt die Neuankömmlinge zu bekämpfen, sollten wir die Ursachen des Klimawandels angehen. Anstatt sie gedankenlos zu vertreiben und zu töten, sollten wir uns zuerst über den Nutzen und den Wert des jeweiligen Insekts bewusst werden: Was steht und fällt mit dessen Existenz? Welche Kettenreaktion lösen wir aus? Wie könnte ein nachhaltiger Umgang aussehen?

Wir müssen anfangen, in Systemen und Kreisläufen zu denken. Wir dürfen nur dort eingreifen, wo es nicht anders geht, um dadurch unsere Schäden zu minimieren und auszugleichen.

Der Rettungsstar strahlt und hält die gläserne Box mit Erika den filmen-
den und fotografierenden Zuschauern entgegen. Pressebilder werden
geschossen, Blumen überreicht, dann berichten die beiden Retter eine
Stunde von ihrem Wellnessurlaub. Nachdem der letzte Besucher gegangen
ist, bringen wir Erika zum Fliegenmobil, das mittlerweile in der Scheune
von Gundi steht. Doch wir lassen sie nicht zu den anderen geretteten
Fliegen, weil wir sie ansonsten nicht mehr erkennen würden. Erika bleibt
vorerst in ihrer Reisebox.

Eine Woche später sitze ich mit Jelena und einem befreundeten Theologie-
professor zusammen. Gundi hat in den letzten Tagen berichtet, dass einige
der geretteten Fliegen schon gestorben seien. Frank und Patrik planen
eine pompöse Beerdigung mit Pfarrer, mir ist bei diesem Gedanken nicht
wohl. Weil mein geistlicher Freund im Ausland war, hat er nichts von der
Rettungsaktion mitbekommen. Während Jelena filmt, erzähle ich ihm von
der Kunstidee und davon, dass die Riklins einen Denkprozess bei mir
ausgelöst hätten.
»Bei dir? Wie haben die das geschafft?«, fragt mein Freund verwundert.
»Die haben mit mir über den Wert eines Insekts gesprochen.«
Ausführlich lässt sich der renommierte Wissenschaftler das Kompensationsmodell erklären und fragt dann neugierig:
»Gut, und was ist jetzt mein Job? Was hat dein Modell mit der Religion
zu tun?«
Ich berichte von der erfolgten Fliegenrettung und davon, dass wir gar nicht
über die toten Fliegen nachgedacht haben. Können wir für sie einen Fliegen-
sarg bauen und in Deppendorf auf einem Feld beerdigen? Und dazu eine
Gedenktafel aufstellen?

»Es geht also um die Erfindung eines Zeremoniells, um Fliegen zu beerdigen. Da fällt mir ein: Seit Jahrzehnten äschern in Kalifornien Hundeliebhaber ihre Hunde in Urnen ein, und die Hunde bekommen die schönste Aussicht auf den Pazifik. Dort gibt es einen eigenen Hundefriedhof. Kirchlich, evangelisch oder katholisch wurde dazu nie Stellung genommen. Man hat das immer ein bisschen ironisch abgehakt. Ja, diese Hundeliebhaber! Das mit den Fliegen wäre etwas völlig Neues. Da kommen einem Theologen natürlich viele Sekundärfragen. Ich kenne die Kirchenleitung in Bielefeld. Glaube nicht, dass das keine Reaktion auslöst. Im Gegenteil, es wird ein Hallo geben. Ist das erlaubt? Ja oder nein? Das hängt mit der Frage des Rituals zusammen. Das muss genau überlegt werden, damit es keine sinnlosen theologischen Diskussionen gibt. Die gehen schnell ins Uferlose.«

Mein Freund schenkt uns beiden Kaffee nach.

»Ich reagiere jetzt einmal spontan«, sagt er. »Sozusagen als dritter Theologe: Da schafft sich ein Insektenkiller ein gutes Gewissen. Und wir sollen das noch kirchlich, religiös absegnen? Aber der Schlüssel wird die Antwort auf die Frage sein: Welche Geschöpfe Gottes sind Fliegen? Und haben Fliegen eine Seele? Diesen Gedanken muss ich jetzt selber weiterdenken. Die Fragen sind zu schwierig. Ich rufe dich nächste Woche an.«

———————

Ich treffe Frank und Patrik in St. Gallen. Die beiden zeigen mir ihre wie gewohnt akribisch ausgearbeiteten Pläne für den Fliegensarg sowie Vorschläge für eine Gedenktafel. Die Fliegen sollen in einer circa 20 Zentimeter langen und 10 Zentimeter breiten Holzbox bestattet werden, gebettet auf hochwertigem, rotem Samt. Ein knapp zwei Meter langes Metallgestell soll im unteren Bereich den Sarg tief im Boden halten und oberirdisch die Gedenktafel tragen. Box und Samttuch könnten in St. Gallen hergestellt werden, der stählerne Rahmen hingegen sollte in Deppendorf produziert werden. Vor Ort bräuchte man sowieso jemanden, der das Gestell mit Zement im Boden dauerhaft verankern müsse.

LEBLOS IN DEPPENDORF

So richtig gut ist unsere Stimmung nicht. Von Daniel haben wir erfahren, dass mittlerweile alle Insekten im Rettungsmobil tot sind. Die Fliegen, die seit Monaten in unserem Bewusstsein gewesen sind, liegen leblos in Deppendorf. Daniel hat sie sorgfältig und einzeln mit einer Pinzette in eine Pappschachtel gelegt.

Nach einem Kaffee starten wir doch noch durch. Ich erzähle von dem ausführlichen Telefongespräch mit meinem Freund, dem Theologen:
»Eine Bestattung mit christlichen oder religiösen Ritualen und Zeichen würde eine übermenschliche Ebene berühren. Wir dürfen uns nicht anmaßen, diesen Bereich betreten zu können. Und wir dürfen die Menschen nicht verletzen, für die diese Rituale ihre Verbindung zum Glauben und zum Tod sind. Er rät uns von allem ab, was einen religiösen Bezug hat, auch was die Sprache anbelangt. Wir sollen auf Ausdrücke wie Beerdigung verzichten und uns eher so verhalten wie beim Tod eines kleinen Haustiers: Die Familie versammelt sich im Garten, gräbt ein Loch und setzt den Hamster oder den Wellensittich im Stillen bei.«

»Ich würde dennoch eine Prozession vorschlagen«, sagt Patrik. »Einen Gang von dort, wo alles anfing, bis zur Grabstätte. Als Leichenwagen nehmen wir den Fliegenrettungswagen. Wir drei ziehen ihn vom Feuerwehrhaus die Straße bis zur Festwiese hoch, wo die Fliegen dann beigesetzt werden.«

Uns allen gefällt der Gedanke. So können wir die ganze Geschichte noch einmal mit dem Start im Feuerwehrhaus verbinden und haben mit dem Wagenziehen eine längere, sympathische Aktivität, bei der die Dorfbewohner mitmachen können. Wir besprechen, wie lange die Vorbereitungen dauern werden, und stimmen den Termin ab: Samstag, 6. Oktober.

OKTOBER Einen Tag vor der Verabschiedung der Fliegen in Deppendorf erfahre ich morgens auf dem Weg zum Flughafen Hannover von Erikas Tod. Wir hatten Erika bereits kurz nach ihrer Rückkehr aus Elmau mit einem Wagen zu Daniel in die Schweiz gebracht. Als er nun heute Morgen in sein Büro kam, lag Erika tot auf dem Boden ihrer Box. Traurig präperiert er jetzt unsere Hauptprotagonistin. Frank und Patrik erklären sie zum Kunstwerk.

Um 14 Uhr treffen wir uns in Zürich, um die Chefin der Nachhaltigkeitsabteilung unseres großen Schweizer Kunden zu sehen. Der Einkäufer hat uns wie angekündigt einen Termin besorgt. Knapp eine Stunde referieren Daniel und ich über sinnvolle Insektenbekämpfungsprodukte. Die Ökologiespezialistin ist von unseren Ausführungen sofort begeistert. Beeindruckt schmiedet sie bereits im Gespräch Pläne, wie das Gütesiegel Insect Respect auf die hauseigenen Biozidprodukte gebracht werden kann.

»Und was tut Insect Respect, um bekannt zu werden?«, fragt sie und erzählt von sinnvollen Gütesiegeln, die es nicht schafften, in das allgemeine Bewusstsein der Konsumenten zu gelangen. Erwischt, ist mein erster Gedanke. Geld für Werbung wollen und können wir nicht ausgeben. Ich erzähle vorsichtig von der großen Medienresonanz, die wir auf unsere Kunstaktion erhalten haben, und verweise darauf, dass wir erst am Anfang stehen. Ein Werbekonzept gebe es nicht.

»Langfristig muss das Gütesiegel von Reckhaus losgelöst werden«, führt sie weiter aus. »Sie können nicht selbst Anbieter von Insect Respect sein und gleichzeitig Insektizidhersteller.«

KEINE STIFTUNG, SONDERN TRANSFORMATION IM INNEREN

Gerade das möchte ich nicht: Insect Respect mittels einer Stiftung auskoppeln, die neben dem konventionellen Geschäft laufen würde. Mir geht es um die Transformation im Inneren, die Veränderung des konventionellen Geschäfts und den ökonomischen Erfolg mit grünen Dienstleistungen. Um mich nicht auf ein längeres Gespräch einzulassen, sage ich, dass auch zu diesem Punkt noch keine konkreten Pläne vorlägen.

»Zum nächsten Termin rechnen Sie doch bitte schon einmal aus, wie viel Fläche im nächsten Jahr für die Kompensation der Produkte notwendig ist«, sagt sie. »Als langjähriger Lieferant von uns kennen Sie ja die Produkte und Mengen bestens. Ich melde mich nächste Woche mit Terminvorschlägen.«

So leicht habe ich mir die Kundengewinnung nicht vorgestellt! Offensichtlich über Einkauf und Marketing positioniert, kann sie als Nachhaltigkeitsbeauftragte die Investitionsentscheidung für uns treffen. Schon im nächsten Jahr sollten wir unseren ersten großen Kunden für Insect Respect haben!

Ich fahre zurück zum Flughafen, um wieder nach Hannover zu fliegen. Auf dem Weg dorthin ruft mich Patrik auf dem Handy an. Die Stimmung im Dorf drohe zu kippen. Zusammen mit Frank und Jelena bereite er die Verabschiedung der Fliegen vor und höre immer mehr Kritik. Tenor: Am Anfang war das Ganze noch lustig. Aber Fliegen beerdigen mit Sarg und Tafel, da hört der Spaß auf. Zeitgleich sendet Radio Bielefeld einen einminütigen Nachruf auf *Erika* und kündigt die Beisetzung der Fliegen für morgen an.

Frank und Patrik können sich mit niemandem auf den genauen Ort für die Beisetzung der Fliegen einigen. Also entscheiden sie selbst und bitten den Metallbauer, der das Gerüst für den Sarg und die Gedenktafel gebaut hat, heimlich und nachts zu einer Wiese zu kommen. Bei völliger Dunkelheit gräbt der Handwerker mit einer großen Schraubenschaufel das ein Meter tiefe und 40 Zentimeter breite Loch.

Drei Stunden vor der offiziellen Verabschiedung bewege ich am Samstagmorgen in einem Zimmer des Hotels, in dem Frank, Patrik und Jelena wohnen, die 901 Fliegen einzeln mit einer Pinzette aus einer Pappschachtel in den Fliegensarg. Meine Frau ist auch dabei. Mittlerweile versteht sie, wie viel uns allen die Fliegen bedeuten. Wie sehr hat sich unser Blick auf diese Lebewesen doch verändert – indem wir uns ganz und gar auf sie eingelassen haben. Zum Schluss schraube ich den Deckel auf die

Holzbox. Der Sarg ist verschlossen und soll nie wieder geöffnet werden. Wir fahren nach Deppendorf.

IN WÜRDE ZU ENDE BRINGEN

Es regnet in Strömen. Vor dem Feuerwehrhaus stehen an die 15 Personen, im Haus circa 25, darunter auch Vertreter der Lokalmedien. Wir haben keine Erwartungen an eine hohe Beteiligung, wir wollen diesen Akt nur würdig und der Geschichte angemessen zu Ende bringen.

Frank hat den Fliegensarg in die Mitte des leer geräumten und gesäuberten Fliegenrettungsvehikels gestellt und darüber ein dunkelrotes Samttuch gelegt. Langsam bewegen wir den Wagen circa 300 Meter über die Hauptstraße zum geplanten Beisetzungsort. Frank und Patrik ziehen vorne, ich schiebe hinten. Mein Bruder, der in unmittelbarer Nähe ist, hat so viel bei der Aktion mitgeholfen und wurde ein echter Anhänger. Ich bitte ihn, mitzuhelfen. So passt es! Zu viert führen wir die Fliegen durch Deppendorf zu ihrer letzten Ruhestätte.

Auf dem Feld angekommen, halte ich eine kleine Ansprache. Nachdem der Sarg von Frank, Patrik und dem Metallbauer am Gerüst mit Klebeband befestigt und das Gestänge in den Boden eingelassen ist, bitte ich um eine Schweigeminute. Dann schütten wir das Loch mit Zement zu, bevor ich die Gedenktafel mit Klebstoff auf das knapp einen Meter aus der Erde ragende Gerüst anbringe. Ein Dorfbewohner legt einen großen Rosenstrauß auf den Boden unter die Tafel, und jeder Anwesende verabschiedet sich persönlich von den Fliegen.

Nach der Zeremonie laden wir zu Kaffee und Kuchen in ein nahe gelegenes Café. Mit einem Dutzend Dorfbewohnern sitzen wir an einer langen Tafel und tauschen uns aus. Die Gespräche überraschen uns: Ganz offen wird erzählt, dass die Aktion für jeden hier im Raum etwas Einmaliges und wirklich Großes gewesen sei. Gemeinsam habe man Grenzen überschritten und Dinge bewegt, die man vorher nicht für möglich gehalten hatte.

2012

Der Alltag frisst mich auf. Endlich wieder ein Termin, in dem es um Insektenrettung geht. Daniel und ich tagen erneut mit der Nachhaltigkeitsabteilung des Konzerns. Beim letzten Treffen hat uns die Managerin auf die Wichtigkeit unserer Öffentlichkeitsarbeit angesprochen, also berichte ich, wie wir das Bewusstsein für Insekten fördern und Insect Respect bekannter machen können. Wir wollen weiter mit Medien arbeiten und unsere Präsenz im Netz ausbauen. Zusammen mit ihrem Haus könnten wir medienstark die Eröffnung jeder Ausgleichsfläche begleiten, Informationskampagnen für den Konsumenten in den Filialen veranstalten und das Verkaufspersonal des Handelskonzerns schulen. Anschließend präsentiert Daniel auf 20 Seiten seine Berechnungen. Über 5000 Quadratmeter müssten nächstes Jahr angelegt werden, um die Absatzmenge im darauffolgenden Jahr zu kompensieren. Die Nachhaltigkeitsmanagerin empfindet unsere Rechnung als schlüssig und informiert uns darüber, dass im nächsten Jahr weit mehr als 5000 Quadratmeter firmeneigener Flachdächer begrünt werden sollen. Man arbeite für diese Maßnahme mit einer Umweltstiftung zusammen. Wir sollen uns mit dieser Stiftung doch bitte abstimmen und dann gemeinsam ans Werk gehen.

2013

JANUAR Im Atelier treffe ich Frank und Patrik, da wir heute Abend gemeinsam einen Vortrag an der Universität St. Gallen halten dürfen. Titel: »Fliegen retten in Deppendorf – Kunst trifft Wirtschaft.« Wir lassen die letzten Wochen und Monate Revue passieren.

»Hat sich außer deinem Schweizer Kunden, von dem du erzählt hast, tatsächlich kein Handelspartner wegen Insect Respect bei dir gemeldet?«, fragt Frank. »Immerhin gab es Berichte in über hundert Medien. Allein die fünf Seiten im Wirtschaftsmagazin *brand eins*.«

»Nein, kein einziger. Aber mich wundert das nicht. Zum einen nehmen uns die Handelskonzerne nicht ernst: Insekten retten? Als Insektizidhersteller? Das ist einfach unglaubwürdig. Zum anderen wollen sie die Schäden ihrer Produkte nicht thematisieren. Letztlich gibt es dafür auch keinen Grund. Die meisten Konsumenten sehen Insekten nur als Schädlinge an. Warum sollten sie für ein Bekämpfungsprodukt, das solche Schädlinge retten will, 20 Cent mehr bezahlen?«

»Wir haben immer gesagt, dass alles seine Zeit braucht. Aber warte nur ab: Immer mehr Menschen werden verstehen, wie wichtig Insekten sind, und dann wollen sie nur noch deine Produkte.«

»Und aufgrund deines kontinuierlichen Engagements wächst mit der Zeit deine Glaubwürdigkeit. Was hast du jetzt geplant?«, fragt Patrik.

»Aufgrund der Erfahrungen in den letzten Monaten glaube ich, dass wir zu früh am Markt sind. Das heißt: Auch wenn ich jetzt im Verkauf Gas gäbe, würde keiner mit uns zusammenarbeiten. Vielleicht können wir in drei, fünf oder acht Jahren durchstarten. Es sei denn, unser Schweizer Kunde nimmt Insect Respect auf. Das könnte schnell einen Dominoeffekt in der ganzen Branche auslösen.«

»Du meinst, dass dann plötzlich auch andere Interesse zeigen?«, fragt Patrik.

»Ja. Dieser Konzern gilt als Leuchtturm für die Schweizer Handelslandschaft. Umgehend wollen auch andere unser Siegel haben.«

»Hat das Licht genug Strahlkraft, um auch Anbieter jenseits der Schweizer Grenze neugierig zu machen?«, möchte Frank wissen.

»Unbedingt. Das Unternehmen wächst mit intelligenten und umweltbewussten Sortimenten kontinuierlich seit Jahrzehnten. Auch deutsche und österreichische Handelsfirmen orientieren sich an unserem Kunden.«

»Das ist spannend. Wenn sich dein Kunde für Insect Respect entscheiden würde, wird das Label schnell ein Erfolg. Wenn er sich nicht für dich entscheidet, musst du mehrere Jahre warten«, sagt Patrik.

»Du hast recht! Übrigens, wir drei müssen uns ökonomisch spätestens dann einigen, wenn ich eine Zusage habe. Wir haben es ja in den letzten Monaten nicht geschafft, eine Regelung zu finden.«

»Bitte informiere uns einfach immer über die Verhandlungen mit deinem Kunden«, sagt Frank.

ICH PUSHE NICHT DAS ALTE, SONDERN SITZE ZU HAUSE UND LESE

»Mein großes Ziel ist es, dass wir am Bewusstsein für Insekten arbeiten. Das bedeutet, dass ich mich weiterhin um Medienpräsenz kümmere. Darüber hinaus gibt es ganz unterschiedliche Betätigungsfelder. Ich möchte zum Beispiel mit Daniel weiter am Kompensationsmodell arbeiten. Ich werde das Thema Nachhaltigkeit mehr in meinem Betrieb integrieren, und ich suche eine Kooperation mit einer Non-Profit-Gesellschaft, damit wir auch hier an Glaubwürdigkeit gewinnen.«

»Neben dem fehlenden Bewusstsein für Insekten bleibt deine Glaubwürdigkeit das größte Problem. Wenn es dir gelingt, eine NGO wie den WWF als Partner zu gewinnen, wird dir das schnell die Türen von großen Unternehmen öffnen«, sagt Patrik.

»Aber das Schönste ist: Seit Anfang des Jahres forsche ich! Ich habe doch gar keine Ahnung von Nachhaltigkeit und dem Wert von Insekten. Mich interessiert sehr, wie es tatsächlich um unsere Umwelt bestellt ist. Was sind die großen problematischen Themen? Und welchen Stellenwert haben dabei die Insekten? Ich nutze nun die Chance, dass der Markt für unsere neuen Ideen noch nicht bereit ist und mir Zeit lässt. Ich pushe nicht das alte, bestehende Geschäft, sondern sitze zu Hause und lese. Ich habe fest vor, mindestens ein Drittel meiner Zeit Insect Respect zu widmen, davon den größten Teil der Literatur.«

FEBRUAR Daniel und ich sind wieder bei unserem Schweizer Kunden eingeladen. Für heute ist das Gespräch mit dem Geschäftsführer der Stiftung vereinbart, die die vom Konzern geplanten Dachbegrünungen zertifizieren soll.

Ein hagerer Mann, vielleicht etwa 60 Jahre alt, sitzt in einer Besucherecke des Empfangs, als wir in der Zentrale eintreffen. Das wird er sein, denke ich mir. Die kleine, runde Brille, das Karohemd und die dunkle Baumwollhose machen ihn gleich zu einem Kind der 1970er-Jahre, das sich nun für eine bessere Welt einsetzen möchte. Wir doch auch, sind meine Gedanken.

Die Nachhaltigkeitschefin des Handelsunternehmens begrüßt uns wie immer sehr herzlich. Wieder ist ihre junge Assistentin anwesend, die sich um die Umsetzung der Grünflächen kümmern soll. Nachdem die Managerin uns kurz gegenseitig vorgestellt hat, führt sie ihre Pläne aus: Die Stiftung zertifiziert in den nächsten Jahren offiziell eine Vielzahl von Flächenbegrünungen. Wir verwandeln einzelne Orte in Insektenparadiese – damit die Begrünungen sich noch umweltfreundlicher entwickeln und die ökologischen Schäden der hauseigenen Insektenbekämpfungsprodukte kompensiert werden können.

Daniel erklärt in wenigen Worten das Insect-Respect-Ausgleichsmodell und stellt unsere ökologischen Mindestanforderungen an die zu begrünenden Flächen vor. Noch bevor Daniel seine Ausführungen schließen kann, unterbricht ihn der Stiftungschef.

»Eine zusätzliche Zertifizierung der bereits ausgewählten Flächen wird es mit uns nicht geben. Im Übrigen geht es hier doch nur darum, mehr Insektizide zu verkaufen. Wo sind die Kriterien, die das Gütesiegel für sinnvolle Insektenbekämpfungsprodukte haben? Und wo sind die Stakeholder, die Sie unterstützen, Herr Reckhaus?«

Vorsichtig weise ich auf unsere Intention hin, Werbung für Insekten zu machen und damit den Markt zurückzudrängen.

 »ALLES NUR PSEUDOKOMPENSATION«

»Wir von unserem Verband halten einfach nichts von dieser Pseudokompensation«, sagt der erklärte Umweltaktivist zu den beiden Managerinnen. »Man kann nicht einfach so tun, als ob man den Verlust von Insekten ausgleichen könne. Das ist auch für die Konsumenten nicht verständlich und glaubhaft. Ich kann Ihnen nicht raten, Insect Respect einzuführen. Wir werden Herrn Reckhaus nicht unterstützen. Wir haben unsere eigenen Gedanken, wie man wertvolle Grünflächen schafft, und nur diese Flächen werden wir offiziell zertifizieren.«

Das Gesicht unserer Sympathisantin versteinert sich. Der Stiftungsvertreter hat sie mit seinen Äußerungen an einem sensiblen Punkt getroffen. Sie möchte seine Zertifizierung nicht aufs Spiel setzen, aber dass er ihr indirekt droht, missfällt ihr deutlich. In überraschend harschem Ton sagt sie ihm, dass sie seine Meinung zur Kenntnis genommen habe und nun Zeit brauche, um alles intern zu besprechen. Die Sitzung ist zu Ende.

Auf dem Rückweg sage ich zum sichtlich geschockten, brüskierten Daniel: »Wir müssen den Herrn in seinem Büro besuchen! Gleich morgen rufen wir ihn an und bitten um einen Kaffee – ganz in Ruhe. Anders können wir ihn nicht überzeugen!«

Ein KÜNSTLER ist ein Mensch, der es schafft, außerhalb der Gesellschaft zu stehen. Nicht als Partner, nicht als Elternteil, nicht als Steuerzahler, nicht als Bürger. Sondern von seiner Denklogik her. Er ist in der Lage, den alltäglichen Wahnsinn um sich herum als Wahnsinn zu erkennen – und sagt das auch. Die Sätze und Fragen von Frank und Patrik Riklin hallen noch heute nach: »Deine Produkte sind schlecht!«, »Warum tötest du Fliegen?«, »Welchen Schaden richtest du an?«, »Welchen Wert hat eine Ameise, eine Kleidermotte, eine Stubenfliege?«, »Du musst Insekten retten!« Eine Werbeagentur hätte einen nicht derartig konfrontiert. »Eine erfolgreiche Werbeagentur ist deswegen erfolgreich«, so ein befreundeter Designer, »weil sie ihren Kunden genau das liefert, was sie haben möchten.« Gefällig, leicht zu verdauen, gerne mit einer Prise Innovation, aber bloß nicht unbequem oder fordernd.

Mir war der Unterschied anfangs nicht so klar. Ich wollte für meine neue Fliegenfalle eine möglichst tolle Verkaufsidee für möglichst wenig Geld. Und ich dachte, dass das zusammen mit Künstlern ganz einfach gehe: Ich besuche die beiden in deren Atelier, plaudere mit ihnen ein bisschen und nach zwei, drei Treffen ist alles fertig. Gemäß der Gleichung Künstler = innovative Idee = mehr Umsatz. Ich wurde eines Besseren belehrt.

Ich weiß nicht mehr, wie viele Gespräche ich mit Frank und Patrik geführt habe. Wenn ich dachte, jetzt haben wir etwas, das gut genug ist, wollten die beiden noch eine Schleife drehen. Immer wieder hieß es: »Wir sind noch nicht fertig, das fühlt sich noch nicht richtig an, wir brauchen noch eine Sitzung.« Jede dieser Schleifen hat sich gelohnt, war zwingend notwendig.

Rückblickend waren drei Dinge essenziell:

- Erwarte nichts: Ich habe eine klare Vorstellung von Input und Output. Opfere ich zwei Stunden meiner Zeit für eine Besprechung, dann liegen danach auch zwei Ergebnisse auf dem Tisch. Nach drei Stunden drei. In die Gespräche mit Frank und Patrik bin ich irgendwann ohne Erwartungen gegangen. Nichts Spezielles erreichen, nichts Spezielles suchen. Im Grunde hätte ich es wissen müssen, dass das ein wichtiger Schlüssel ist: Erst wenn man aufhört, krampfhaft nach etwas Vertrautem zu suchen, eröffnet sich einem eine neue Welt (→ O).
- Komm runter: Am Anfang bin ich mit dem Auto von meinem Büro ins Atelier gefahren. Nach zehn Minuten kam ich dort an und war

gedanklich noch im letzten oder schon im nächsten Meeting. Also bitte keine Zeit für Smalltalk, bitte gleich los. Das Ergebnis war, dass ich gar nicht aufnahmefähig war für irgendwelche neuen Gedanken. Wir redeten aneinander vorbei. Die Künstler verstanden mich nicht, ich verstand die Künstler nicht. Erst als ich mich dazu entschloss, zu Fuß ins Atelier zu gehen, eine gute Stunde für sieben Kilometer, war ich gelassen genug, Detaildiskussionen stundenlang durchzustehen.

■ Habe Respekt: Künstler werden oft nicht wirklich ernst genommen – zumindest, solange sie mit ihren Werken nicht in einem renommierten Museum oder einer bekannten Galerie vertreten sind. Auch hier greift die Logik: Wer viel Geld verdient, ist erfolgreich und damit gesellschaftlich von Wert. Ich wehre mich dagegen. Jeder Mensch verdient Respekt und Wertschätzung. Dazu gehört, zuzuhören, Ideen und Gedanken ernst zu nehmen. Auch Frank und Patrik bin ich immer mindestens auf Augenhöhe begegnet – und ihnen bis heute dankbar, dass sie sich so intensiv mit mir und meiner Arbeit auseinandergesetzt haben. Respekt ist auch die Grundvoraussetzung dafür gewesen, dass ich selbst die kritischsten Fragen der beiden »zugelassen« habe.

Insofern: Die Arbeit mit Künstlern ist mühsam, mitunter qualvoll und sehr zeitintensiv. Aber sie ermöglicht eine Transformation, die den Namen Transformation verdient. Weil Kunst keine Kompromisse kennt. Und weil Kunst einen Weg bis zum Ende geht. Mit offenem Visier und offenem Herzen. Konsequent und radikal. Ich bin überzeugt, dass wir genau diese Art der Auseinandersetzung für unseren Weg in die Zukunft brauchen.

Am nächsten Morgen rufe ich den Umweltspezialisten an und frage sehr höflich nach einem Termin. Schroff macht er deutlich, dass ein Gespräch nicht notwendig sei. Trotz wiederholter Bitte meinerseits verneint er jegliches Interesse an einem Austausch. Frustriert lege ich auf und berichte Daniel von der Niederlage.

Minuten später ruft die Managerin des Konzerns an:
»Herr Reckhaus, entschuldigen Sie bitte die katastrophale Sitzung von gestern. Der Herr von der Umweltstiftung hat sich in einer nicht akzeptablen

Form Ihnen gegenüber geäußert. Wir werden das bei nächster Gelegenheit persönlich mit ihm besprechen. Was das Gütesiegel betrifft: Lassen Sie uns einen weiteren Versuch mit der Stiftung wagen. Wenn das nicht klappt, können wir die Flächen aber auch allein mit Insect Respect anlegen. Ich bin weiterhin von Ihrem Konzept überzeugt, bitte geben Sie mir Zeit, ich melde mich wieder.«

APRIL Zurück in Bielefeld führe ich mit Dietmar Baum ein Gespräch. Der Ingenieur berät uns seit über zwei Jahrzehnten in allen Fragen behördlicher Genehmigungen. Er kennt unser Unternehmen bestens und besucht mich regelmäßig, um neue Vorschriften und deren Umsetzung in der Praxis zu besprechen. Auch Baum war am Anfang skeptisch gegenüber Insect Respect eingestellt. Als er jedoch als Sachverständiger für das Dach die Planung der ersten Insektenausgleichfläche begleitete, ist er zum überzeugten Befürworter unserer neuen Ausrichtung geworden. Schon vor Wochen habe ich ihn mit einer Analyse beauftragt. Er möchte das gesamte Unternehmen von A bis Z auf ökologische Schwachstellen hin überprüfen. Ziel ist zunächst eine Bestandsaufnahme. Anschließend soll ein Plan mit Aktivitäten erstellt werden, wie wir das Unternehmen umweltverträglicher gestalten können.
»Das größte Problem ist die relativ billige Bausubstanz aus den 1960er-Jahren«, sagt der Fachmann. »Die Isolation ist sehr schlecht. Das Dach zum Beispiel besteht ausschließlich aus einer einfachen Asbestschicht. Sie verbrauchen deswegen viel zu viel Heizöl.«
»Ja, das ärgert mich schon länger. Könnten wir in eine neue Konstruktion investieren?«
»Hier kommen mehrere Probleme zusammen. Einerseits ist die Entsorgung des Asbestes sehr teuer. Andererseits bringt ein neues Dach nur dann etwas, wenn Sie auch die nicht verkleideten Hallenwände isolieren und neue Türen und Fenster einsetzen.«
»Zusammenfassend: Wir können gleich abreißen und neu bauen.«
»Das geht leider in diese Richtung, Herr Reckhaus.«
»Dann ist es vielleicht ökologisch sinnvoller, die alte Substanz zu erhalten. Schließlich sind Entsorgung und Herstellung neuer Materialien nicht

besonders umweltschonend. Wir müssen einfach unsere Produktions-leistung verringern oder eben sehr viel sorgfältiger mit unserer Energie umgehen.«

»Ja, das ist natürlich richtig. Was Sie sofort machen können, ist Ihren eben-falls hohen Verbrauch an Strom auf Ökostrom umzustellen.«

»Das machen wir umgehend. Ich habe schon Angebote im Haus. Wir wer-den sofort auf hundert Prozent Ökostrom umstellen. Wie sieht es mit unseren Emissionen aus?«

»Sie haben praktisch gar keine Emissionen! Ihre gesamte Produktion wird mit Strom betrieben. Es gibt keine Abgase. Und die Stoffkreisläufe sind alle geschlossen.«

»Und die wenigen Flüssigkeiten, die bei den Produktionsansätzen übrig bleiben, lassen wir von externen Spezialisten entsorgen.«

»Was Sie ja auch amtlich nachweisen müssen. Bei der Entsorgung habe ich übrigens ein Verbesserungspotenzial gefunden. Zurzeit wird Ihr gesamtes Reinigungsmaterial nach dem Gebrauch fachmännisch beseitigt. Mittler-weile gibt es Mehrwegsysteme. Die Putzlappen werden abgeholt, gereinigt und wieder zurückgebracht. Das ist für Sie sogar kostengünstiger, als immer wieder neue Reinigungstücher zu kaufen.«

»Das gehen wir auch sofort an.«

»Ich habe mir das gesamte Unternehmen angeschaut. Tatsächlich haben Sie neben der Bausubstanz keine großen ökologischen Verbesserungs-potenziale.«

»Dann möchte ich, wie ich Ihnen schon am Telefon sagte, jährlich Informa-tionen veröffentlichen: wie viel Energie wir verbrauchen und wie viel Abfall wir produzieren.«

»Davon muss ich Ihnen dringend abraten. Ihre Absichten sind sehr löblich, aber Ihr Heizölverbrauch ist einfach nicht akzeptabel. Solange Sie dieses Problem nicht in den Griff bekommen, dürfen Sie nicht nach außen kom-munizieren.«

JUNI Die Schweizer Autobahnvignette bringt mich auf eine Geschäftsidee: Automobilisten melden uns ihr Fahrzeugmodell und die geplante Kilometerleistung pro Jahr, wir ermitteln den Insektenverlust, kompensieren diesen und verkaufen dem Fahrzeuglenker eine Insektenvignette. Begeistert von diesem hochpotenziellen Rettungsvorhaben steigt Daniel unmittelbar in die Literaturrecherche ein.

»Es gibt nur eine kleine, für uns kaum brauchbare Praxisstudie in Holland. Wir müssen schon selbst Testfahrten unternehmen«, informiert er mich.

Über mehrere Sitzungen hinweg erarbeiten wir das komplexe Untersuchungsdesign und losen Daniel als Testpiloten aus. Wir bekleben die Frontscheibe und das Nummernschild eines alten VW Käfers mit Klebefolie und schicken ihn damit auf die Autobahn. Mehrmals fährt er mit Tempo 100 zwischen St. Gallen und Zürich hin und her.

Uns ist klar, dass die Zahl der getöteten Insekten stark von Region, Wetter und Jahreszeit abhängt. Trotzdem sind wir überrascht:

4000 Insekten pro 100 Kilometer. Hochgerechnet auf eine jährliche Fahrleistung von 20 000 Kilometern müssten wir für eine Vignette 50 Euro verlangen.

»Das funktioniert nicht«, sage ich zu meinen Mitstreitern. »Dafür ist die Wertschätzung von Insekten noch zu gering.«

Wir verschieben das Projekt auf unbestimmte Zeit.

GUT GEMEINTE TODESFALLEN

Unsere Studie zeigt aber auch, dass die eigentlich gut gemeinten Blühstreifen zwischen den beiden Autobahnfahrbahnen gar nicht gut für die wertvollen Sechsbeiner sind. Die Pflanzen locken Insekten an. Sie fliegen aus ihrer sicheren Umgebung heraus – und werden dabei von uns Autofahrern erfasst. Am liebsten würden wir eine politische Petition zur Abschaffung der vermeintlich ökologisch wertvollen Insektenkiller in der Bundeshauptstadt Bern einreichen.

2013

Auch die Schweizer Bundesbahnen und die Deutsche Bahn könnten aus unserer Sicht etwas tun: Der Insektenverlust im Zugverkehr ist besonders hoch, weil die Schienenfahrzeuge im Gegensatz zum Straßenverkehr oft durch naturbelassene Biotope mit großem Insektenflug fahren. Wir nehmen mit beiden Gesellschaften Kontakt auf, die uns aber absagen.

AUGUST »Wollen wir nicht zur Feier des ersten Jahrestages der Fliegenrettung in Deppendorf sein? Wir könnten doch den gesamten Initiativkreis sowie alle Dorfbewohner einladen?«, frage ich Frank am Telefon. »Ich möchte kein Fest, sondern nur über unsere Arbeit informieren.«
»Ja, das finde ich sehr gut. Es ist wichtig, dass die ehemaligen Retter sehen, dass die Geschichte weitergeht.«
»Ich denke daran, einen Restaurantsaal zu mieten und über Gundi alle einzuladen. Kommt ihr mit?«
»Ich muss das mit Patrik besprechen. Grundsätzlich ja, aber ich möchte erst einmal abwarten, was Gundi zu deinem Vorhaben sagt. Zusätzlich müssen wir schauen, wie viele kommen. Wenn nur wenige mitmachen, lohnt sich der Aufwand der Reise nicht.«
Ich kontaktiere Gundi, die ich immer wieder in den letzten Monaten über unsere Aktivitäten informiert habe. Sie würde uns gerne wiedersehen und mehr über unsere Arbeit erfahren. Sie ist sich aber unsicher, wie viele sich für uns noch interessieren. Von einer allgemeinen Dorfinformation rät sie am Telefon ab. Das würde nur zu unnötigen Diskussionen führen.
Wochen später berichtet Gundi, dass sich nur sieben Personen angemeldet hätten. Frank und Patrik verzichten auf die Reise. Ich fahre allein nach Deppendorf. Langsam die Hauptstraße hoch, vorbei am Feuerwehrhaus. An der Kreuzung, an der unser Zelt stand, biege ich rechts ab. Ich frage mich, was die mir entgegenkommenden Autofahrer und die wenigen Passanten auf den Bürgersteigen denken. Alle kennen mich.
Direkt vor dem Gasthaus habe ich während der Fliegenrettungsaktion über eine Woche überlebensgroß als Pappfigur gestanden. Die mir unbekannten Wirtsleute begrüßen mich herzlich wie einen alten Bekannten, der viele Jahre auf Reisen war und nun zurück ist. Sie erzählen, dass auch sie letztes

Jahr bei der Rettungsaktion dabei waren. Der Festsaal bräuchte mal wieder ein Update, denke ich. An den Tischen haben 50 Gäste Platz, heute ist gerade mal für zehn eingedeckt.

ALTER, ARBEITSMÜDER VERTRETER

»Wir haben schon alles für die Technik vorbereitet«, sagt ein junger Mitarbeiter des Hauses und steckt meinen Stick in seinen Computer. Zwei mal zwei Meter groß erstrahlen Bilder aus meiner Präsentation auf der weißen Spezialleinwand. Als er den Raum verlässt, fühle ich mich wie ein alter, arbeitsmüder Vertreter, der heute Abend zum x-ten Mal erfolglos seine Produkte anpreist. Es tut gut, dass Gundi als Erste kommt. Sie hat ihren Mann Hartwig mitgebracht.

»Hans, toll, dass du gekommen bist. Willkommen in Deppendorf!«, sagt sie freudestrahlend. Das Wiedersehen ist wunderbar, so vertraut, nah und herzlich.

Allmählich treffen auch die anderen des ehemaligen Küchenkreises ein: die Freundin von Gundi, Reinhardt und Karl mit Frau und Tochter. Herr Steffen kann heute Abend nicht, dafür ist aber das Gewinnerpaar Ulrich und Andrea anwesend.

»Vielen Dank, dass du gekommen bist«, begrüßt mich Reinhardt förmlich. »Wir sind gespannt, was du zu berichten hast.«

»Es tut uns sehr leid, dass so wenige da sind«, meldet sich Karl. »Es ist unverständlich. Anstatt stolz darauf zu sein, was wir gemeinsam erreicht haben, wird die Aktion heute im Dorf totgeschwiegen.«

»Was ist mit dem Initiativkreis? Der Kreis müsste sich doch über die anhaltende Medienberichterstattung freuen. *Fliegen retten in Deppendorf* ist immer noch Thema. Unser Weg hat erst begonnen!«, sage ich.

»Unabhängig von der Fliegenrettung hat sich der Kreis gespalten. Wir haben unterschiedliche Auffassungen über mehrere Dinge im Dorf«, sagt Gundi.

»Aber der Kreis und das Dorf müssen doch erkennen, wie wertvoll die ganze Geschichte ist«, sagt Ulrich, der gut fünf Kilometer von Deppendorf entfernt wohnt.

»Im Gegenteil! Regelmäßig muss ich mir Vorwürfe gefallen lassen. Dafür, dass ich diese verrückte Sache ins Dorf gelassen habe«, sagt Gundi. »Man macht mich verantwortlich, dass sich alle haben instrumentalisieren lassen. Die Rettungsaktion sei eine Schande!«

»Hans, wir hier im Raum sind aber weiterhin sehr dankbar für die Aktion und alles drum herum«, sagt Karl. »Wir finden die Arbeit von Frank, Patrik und dir sensationell. Ihr drei seid ganz stark. Erzähl bitte, was ihr in den letzten Monaten so bewegt habt.«

Ich berichte ausführlich von unseren Aktivitäten. Davon, dass Frank, Patrik und ich regelmäßig Vorträge halten und ich ein Buch über den Wert von Insekten schreibe. Und dass wir zusammen mit Marcus Gossolt an einem Kurzfilm über den Wert von Insekten arbeiten und eventuell einen großen Kunden nächstes Jahr haben.

»Und die Medien? Hat die *Bild*-Zeitung schon geschrieben?«, fragt Karl.

»Glücklicherweise nicht. Aber die *Frankfurter Allgemeine Zeitung* und *Die Welt* haben sehr lange Berichte veröffentlicht. Zusätzlich war vor Kurzem das *Zweite Deutsche Fernsehen* bei uns. Geplant ist ein Beitrag in Wissenschaftssendungen auf *arte* sowie *3Sat*.«

LEIDENSCHAFT treibt Menschen zu Höchstleistung an.
Doch unsere Wirtschaft leistet sich den Irrsinn, dieses enorme Potenzial links liegen zu lassen. Indem sie viel zu viele Jobs kreiert ohne Relevanz, Sinn und Gewissen.

STUFE 4

»Aber Kunden hast du noch keine?«, fragt mich Hartwig.

»Nein. In der Branche will niemand etwas von uns wissen. Es wird viele Jahre dauern.«

Nach meiner kleinen Präsentation bestellen wir Essen und diskutieren lange über die fehlende Akzeptanz im Dorf. Wir wollen uns in Zukunft öfter treffen.

OKTOBER Mit Daniel spreche ich in meinem Büro über meine Weihnachtsgeschenkidee: Alle zehn Schweizer Mitarbeitenden sollen ein Jahr CO_2-neutral Auto fahren.

»Was haben deine Recherchen ergeben? Wie viele Bäume müssen wir pflanzen, um ihre CO_2-Emissionen zu kompensieren?«

»Dein Ziel ist es, für ein Jahr die privat und geschäftlich gefahrenen Kilometer deiner Mitarbeitenden auszugleichen. Ich habe in den letzten Tagen alle notwendigen Informationen von deinem Team erhalten, also: welches Auto sie fahren und wie viele Kilometer sie zurücklegen. Insgesamt musst du 56 Obstbäume pflanzen, um die Kohlenstoffdioxidemissionen eines Jahres zu neutralisieren.«

»Wow! 56 Bäume. Das gibt es doch gar nicht. Nur für die Kompensation eines Jahres.«

»Ich bin auch über die hohe Anzahl überrascht. Aber deine Mitarbeitenden fahren pro Jahr 190 000 Kilometer und erzeugen dadurch 55 Tonnen CO_2. Ein Hochstamm-Apfelbaum kann in etwa 12 Kilogramm CO_2 pro Jahr speichern, ein Mostobstbaum 12,5. In der Regel wird ein Obstbaum 80 Jahre alt.«

»Wie wollen wir jetzt vorgehen?«

»Wenn ich dich recht verstanden habe, möchtest du die Bäume kaufen und verschenken. Ich habe schon mit zwei Biobauern gesprochen. Die würden sich über die Bäume freuen und uns die Pflege zusichern.«

Vier Wochen später besuchen wir mit dem Team unsere frisch gesetzten Bäume. Der Landwirt empfängt uns mit Glühwein und erzählt über seine eigene Nachhaltigkeitsphilosophie.

2013

DEZEMBER Die nächste Station auf meiner insektenfreundlichen Reise heißt Stockholm. Der Chef eines großen Unternehmensnetzwerks, das sich für Nachhaltigkeit starkmacht, hat mir zwei Einladungskarten für die Verleihungszeremonie des Alternativen Nobelpreises vermittelt. Einer der aktuellen Preisträger: Hans Rudolf Herren. Der Schweizer Insektenforscher hat unter anderem gezeigt, dass die Schlacht gegen die Maniok-Schmierlaus auch ohne Chemikalien zu gewinnen ist. Vom Senegal bis nach Angola hat er über zehn Jahre hinweg vom Flugzeug aus immer wieder eine bestimmte Wespenart über die Maniokfelder ausgebracht, die die Pflanzenschädlinge tötet und dadurch die Ernten sichert.

REVOLUTIONÄRE VERÄNDERUNG EINER GEFÄHRDETEN WELT

Meine 17-jährige Tochter Johanna begleitet mich nach Schweden. Die Stiftung, die den Alternativen Nobelpreis vergibt, hat für alle Preisträger und Gäste Zimmer gebucht. Nicht in einem Prachthotel im Stadtzentrum, sondern in einem Dreisternehotel etwas außerhalb. Die Botschaft kommt an: Hier geht es nicht um die konservative, feierliche Bewahrung einer heilen Welt, sondern um die revolutionäre Veränderung einer gefährdeten Welt.

Die Feier selbst findet im schwedischen Reichstag statt. Ole von Uexkuell, Geschäftsführer der Stiftung, empfängt uns an der Tür zum Parlamentssaal und führt uns zu unseren Plätzen. Zwei gepolsterte Holzklappsitze mit edlem Schreibtisch und verchromter Lampe. Die zweistündige Zeremonie bewegt Johanna und mich sehr. Herren und die anderen drei Preisträger haben die Welt merklich verbessert und vielen Millionen Menschen das Leben gerettet.

Am nächsten Morgen frühstücke ich mit Hans Herren und seiner Frau im Wintergarten des Hotels. Draußen ist es noch dunkel. Wir sitzen an einem langen, weißen Holztisch. Nach seinen vielen Jahren in Afrika ist der Schweizer zu seiner Frau nach Kalifornien gezogen, sie ist US-Amerikanerin und ebenfalls Entomologin. Neugierig frage ich sie, was sie beruflich macht.

»Ich arbeite in Rom bei der Welternährungsorganisation FAO der Vereinten Nationen.«

»Das gibt es doch nicht. Natürlich: Herren! Ich habe mehrfach Ihren Namen gelesen. Sie haben an der großartigen Studie mitgearbeitet, die sich damit beschäftigt hat, wie Insekten als Nahrungsmittel die weltweite Unterernährung beheben können«, sage ich. »Den umfangreichen Bericht habe ich vor Kurzem praktisch Seite für Seite gelesen. Fasziniert davon, dass die lokale, kleinbäuerliche Zucht von Insekten tatsächlich einen großen Teil des weltweiten Hungers befriedigen könnte.«

»Ja, wir haben viele Jahre Daten erhoben und mit Spezialisten in der ganzen Welt zusammengearbeitet.«

Um die Zeit zu nutzen, komme ich auf Insect Respect zu sprechen. Mit wenigen Worten stelle ich das Konzept vor. Wir diskutieren länger über die Kompensationsrechnung sowie über die neuen Lebensräume für Insekten.

Ich frage die beiden, was sie von diesem neuen Modell halten, für das ich keine Abnehmer finde. Hans Herren sagt, dass es doch nur selbstverständlich sei, dass ich Ausgleichsmaßnahmen vornehme. Wichtig sei jedoch, dass der generelle Gebrauch von Bioziden zurückgedrängt wird, vor allem von Insektiziden. Aber da wären wir ja auf einem guten Weg.

Als ich erwähne, dass wir auch in der Schweiz tätig sind, sagt der Preisträger:

»Ihr Konzept ist bestens für die Schweizer Großverteiler geeignet! Mich wundert es, dass dort noch keiner zugegriffen hat.«

»Na ja, wir sind in Gesprächen. Je größer der Kunde, desto komplizierter die Prozesse«, sage ich.

 WER DIE WELT VERÄNDERN WILL, MUSS DRANBLEIBEN

Den Vormittag verbringen Johanna und ich in der Stockholmer Altstadt, bevor ich mit Ole von Uexkuell zu Mittag esse. Der junge Geschäftsführer der Stiftung möchte erfahren, was sich hinter Insect Respect verbirgt. Wir treffen uns in einem puristisch eingerichteten Fischlokal. Zuerst geht es um seine tägliche Arbeit, die Preisträger und seinen Onkel, der die Stiftung gegründet hat. Anschließend erzähle ich von meiner Tätigkeit. Und davon, dass ich bis heute keinen geschäftlichen Zuspruch erhalte.

»Du hast deinen Weg gefunden«, sagt Ole. Wir hatten uns gleich zu Beginn des Essens das Du angeboten. »Du hast eine ganz klare Vision, wie du diese Welt ein Stück weit besser machen kannst. Das ist dein Antrieb. Und das ist auch der Antrieb all unserer Preisträger. Du musst dranbleiben!«

Am Nachmittag warten Johanna und ich am Abfluggate mit Blick auf einen blauen Himmel, der sich langsam verdunkelt. Von den letzten 24 Stunden stark motiviert, denke ich an unseren Schweizer Großkunden. In den letzten Monaten haben wir zwei weitere Gespräche geführt. Nach dem ersten Gespräch hat die Umweltstiftung nochmals bestätigt, dass sie nicht mit uns zusammenarbeiten wird. In einem zweiten Termin haben wir den Alleingang vereinbart. Die Kompensationsberechnungen sind abgeschlossen und die Flächen ausgewählt. Es fehlt zum Start nur noch das Go des Kunden. Die Nachhaltigkeitsmanagerin hat mir vor sechs Wochen versprochen, sich zu melden. Ergebnislos. Ich rufe sie an und habe Glück. Sie nimmt ab.

»Ich habe schlechte Nachrichten für Sie, Herr Reckhaus«, sagt sie. »Wir haben Ihr Modell an eine externe Stiftung zur Begutachtung gegeben. Das Forschungsinstitut rät uns von einer Zusammenarbeit mit Ihnen ab! Ich verstehe das Gutachten nicht. Bitte besuchen Sie uns kurzfristig, damit wir die weiteren Schritte besprechen können.«

Nur eine Woche später mache ich mich mit Daniel auf den Weg. Um uns positiv zu stimmen, erzähle ich im Auto von meinem gestrigen Abend. Ich war in Zürich, um mir einen Vortrag von Hans Herren anzuhören. Der Insektenforscher hat dort eine Stiftung und seine Reise nach Schweden genutzt, auch die Schweiz zu besuchen.

»Es ging um Pflanzenschutzmittel und Biozide«, sage ich zu Daniel. »Welchen Schaden sie weltweit anrichten und dass unsere Branche unbedingt kleiner werden muss. Er hat Alternativen vorgestellt für die Landwirtschaft in Entwicklungs- und Schwellenländern und den Bogen zu Biolebensmitteln im Schweizer Verkaufsregal gespannt. Seine Rede hat mich wirklich mitgerissen. Wir sind auf dem richtigen Weg.«

Bei unserem Schweizer Großkunden angekommen, zeigt uns die Nachhaltigkeitsmanagerin das fünfseitige Gutachten des Forschungsinstitutes. Der vermeintliche Experte spricht Klartext. Die Reduzierung unseres Modells auf eine Formel und den Wert Biomasse sei eine allzu starke Vereinfachung. Unsere Arbeit würde deswegen »dem Grundgedanken des Naturschutzes überhaupt nicht gerecht«. Es ginge uns nur darum, mehr Produkte zu verkaufen. Wesentlich wäre hingegen, den Konsumenten zu mehr Hygiene zu motivieren und somit eine Reduzierung der Produkte zu bewirken. Schließlich fehle uns »das Element der Uneigennützigkeit«, wir würden deswegen »nicht zum ökologischen Image des Auftraggebers passen«.

»Ich sehe die Färbung im Gutachten«, bewertet die Managerin die Ausführungen. »Der Experte hat grundsätzlich Probleme mit Insektiziden und damit, dass Sie mit dem Modell Geld verdienen wollen. Aber was können wir unternehmen? Sprechen Sie doch bitte mit dem Forschungsinstitut und schauen Sie, ob die das Gutachten revidieren. Ich stehe weiterhin zu Ihnen, Herr Reckhaus. Aber mit diesem Gutachten ist Insect Respect tot.«

2014

JANUAR Daniel und ich fahren mit dem Zug Richtung Basel. Wir wollen uns mit dem Fachspezialisten treffen, der sich mit seinem Gutachten gegen unsere Arbeit ausspricht. Der Biologie holt uns mit einem Auto des Forschungsinstitutes am Bahnhof ab. Mit seiner alten Baumwollhose, leisen Stimme und zurückhaltenden Art passt er sehr gut zu der angesehenen Stiftung, die sich dem Erhalt der Natur verschrieben hat.

Seine Begrüßung ist sehr nett, und doch spüren wir seine Abneigung uns gegenüber deutlich. Er hat nicht um den Termin gebeten. Unser Kunde hat ihn genötigt, mit uns zu sprechen. Im Institut angekommen, sitzen wir uns in der Kantine gegenüber. Ich versuche es mit einem unverfänglichen Gespräch, um nicht sofort in die Problemdiskussion einzusteigen. Der Biologe sagt nichts. Ich erzähle kurz über mein Unternehmen und ausführlicher über meine Motivation. Daniel berichtet, dass unsere Ausgleichsflächen viel mehr als eine einfache Kompensation seien: »Es sind neue, zusätzliche Lebensräume für Insekten und Pflanzen. Es sind wertvolle, natürliche Biotope, die sich positiv auf die Tier- und Pflanzenwelt in der Region auswirken.«

Der Naturwissenschaftler bleibt ruhig. Er gibt keinen Kommentar ab, fragt nicht nach. Nach Daniels Ausführungen möchte er unvermittelt wissen, ob wir eine kleine Führung durch das Haus wünschen. Selbstverständlich bejahen wir seine Frage und finden uns kurze Zeit später auf einem Rundgang. Stolz erzählt er uns von den kürzlich erfolgten baulichen Maßnahmen und dem Wachstum der Stiftung.

Nach knapp anderthalb Stunden bringt uns der Biologe zurück zum Bahnhof.

»Er muss nach diesen Informationen das Gutachten ändern«, sagt Daniel, als wir am Bahnsteig auf unseren Zug nach St. Gallen warten. »Einiges in seiner Beurteilung ist ja falsch.«

»Ich glaube nicht, dass er irgendetwas ändert. Wie würden er und sein renommiertes Institut denn dastehen? Nur weil wir eine Stunde mit ihm geredet haben, soll er seine wohlüberlegten professionellen Ausführungen revidieren oder sogar ins Gegenteil verdrehen? Und außerdem: Er hat einfach ein Problem mit mir: Mit dem Unternehmer, dunkler Anzug, Krawatte, der einfach nur mehr Geld verdienen möchte.«

———————————

Wenige Tage später geht es zusammen mit Frank, Patrik, Jelena und Daniel im Auto nach Stuttgart. Am Abend wird im Haus der Wirtschaft der Kyocera-Umweltpreis überreicht, und wir sind für die Kategorie »Biodiversität« nominiert. Insgesamt 100 000 Euro gehen an die Gewinner, Vorsitzender der Jury ist der ehemalige Bundesumweltminister Klaus Töpfer.

»Daniel, wer sind die anderen Nominierten? Ich hatte in den letzten Tagen überhaupt keine Zeit, mir das anzuschauen«, sage ich.

Nach wenigen Minuten Lektüre im Auto sagt Daniel begeistert: »Hans, du gewinnst!«

»Nein, Daniel, *wir* gewinnen«, gebe ich umgehend zurück.

»Ja, *wir* gewinnen. Die anderen machen auch Sinnvolles. Das eine ist eine US-amerikanische Teppichbodenfirma, die sich um ausrangierte Fischernetze in den armen Regionen der Welt kümmert. Sie hat mit Leuten vor Ort eine Lieferkette aufgebaut und bis heute 15 Tonnen Netze gesammelt. Aber keiner verändert das eigene Unternehmen und die eigene Branche so wie du.«

Stille. Jeder hängt seinen Gedanken nach. Dann sagt Patrik plötzlich:

»Ich glaube nicht daran, dass wir gewinnen. Das wird so ablaufen wie bei der *Null-Stern-Hotel*-Nominierung für den *Worldwide Hospitality Award*. Natürlich musste die Jury uns damals aufgrund der großen Medienbericht-erstattung nominieren. Aber Künstlern und einem ihrer Sternephilosophie entgegenlaufenden Konzept den ersten Preis zu verleihen, wäre zu viel gewesen! Und so wird das auch bei Insect Respect sein. Nominierung ja, aber einem Insektizidhersteller einen Preis für Biodiversität zu geben, das geht zu weit.«

Nachdem wir uns im Hotel frisch gemacht haben, gehen wir zu Fuß zum Veranstaltungsort am Rande der Innenstadt: ein imposantes, denkmal-geschütztes Gebäude mit einem großen, festlichen Saal, die Tische für etwa 120 Gäste sind eingedeckt.

»Guten Abend, Herr Doktor Reckhaus. Herzlich willkommen in Stuttgart. Darf ich Sie begleiten? Sie sitzen mit Herrn Professor Töpfer zusammen, wenn Ihnen das angenehm ist«, sagt die junge Frau, die offensichtlich auf mich gewartet hat.

»Haben wir an dem Tisch denn alle fünf Platz?«, frage ich.

»Nein. Die Jury wollte Sie mit Herrn Professor Töpfer zusammenbringen. Ihre Mitarbeiter können bitte an Tisch 10 Platz nehmen.«

Schon geht sie voraus, ich blicke kurz zu den anderen, die mir ein Zeichen der Zustimmung geben, und gehe hinterher. Am Tisch sitzt nicht nur Klaus Töpfer, sondern die ganze Jury: Chefs der Deutschen Umwelthilfe, des Fraunhofer-Instituts und des japanischen IT-Konzerns Kyocera. Kaum ist die Vorspeise serviert, fragt mich Klaus Töpfer nach Insect Respect. Lange diskutieren wir über Biozide und Biodiversität. Ich werte es als gutes Zeichen.

Nachdem Töpfer eine lange Rede über die Notwendigkeit des Umwelt-schutzes und über das löbliche Engagement von Kyocera gehalten hat, werden die Preisträger bekannt gegeben:

»Der Gewinner der mit 25 000 Euro dotierten Rubrik Biodiversität lautet: Interface Deutschland GmbH.«

Ich bin sprachlos. Der Teppichhersteller hat die Jury am meisten beeindruckt.

»ER MACHT JA INSEKTIZIDE ...«

Direkt nach der Verleihung möchte sich Herr Töpfer zurückziehen und verabschiedet sich von mir mit dem Versprechen, sich die erste Insektenausgleichsfläche anzusehen. Er wohne nicht so weit weg von Bielefeld. Auch ich möchte mich zurückziehen und verlasse mit meinem Team die Veranstaltung.

»Patrik hatte recht. Natürlich können sie uns keinen Umweltpreis geben. Wie denn auch«, sage ich zu den anderen. »In der Jury sitzt der Chef der Deutschen Umwelthilfe. Wie soll eine Naturschutzorganisation einem chemischen Biozidhersteller einen Umweltpreis überreichen? Das geht nicht. Alle kannten unser Projekt! Alle finden uns super! Aber: Der macht ja Insektizide.«

Keiner hat Lust, noch etwas zu unternehmen. Wir gehen früh zu Bett und fahren am nächsten Morgen ohne Frühstück zurück. Es ist Patrik, der unsere Gedanken aufhellt: »Es ist nicht schlimm, dass wir den Preis nicht gewonnen haben. Es ist sogar gut. Denn es ist ein Zeichen dafür, dass wir wirklich innovativ sind und unserer Zeit voraus.«

─────────────

Daniel und ich nutzen die Rückfahrt für die Weiterentwicklung eines neuen Produktes. Ein Kunde möchte im Juni mehr als 100 000 Wespenfallen von uns geliefert bekommen. Das Produkt haben Daniel und ich im letzten Jahr entwickelt: ein 18 Zentimeter hoher und neun Zentimeter breiter Plastikkorpus. Mit Lockstoff gefüllt, zieht er Wespen an und hält sie sicher fest. Erst seit November haben wir den verbindlichen Auftrag. Wir müssen nun wichtige Details entscheiden, damit endlich das Werkzeug zur Herstellung der einzelnen Kunststoffkomponenten in Auftrag gegeben werden kann.

Wir diskutieren angeregt über die optimale Größe der oberen und seitlichen Lüftungsschlitze. Je kleiner die länglichen Öffnungen sind, desto schneller würden die Wespen aufgrund der geringen Luftzufuhr verenden. Zusätzlich würde so weniger Regenflüssigkeit in die Falle eintreten. Anderseits beeinträchtigen kleinere Schlitze die Verdunstung des Lockstoffes und damit die Attraktivität für die Insekten. Nachdem Daniel und ich bereits länger als eine Stunde über weitere Produktdetails gesprochen haben und die Rücksitzbank völlig still gewesen ist, platzt Patrik der Kragen:

»Sagt mal, sind wir hier nicht von Insect Respect? Ich verstehe überhaupt nicht, was ihr da vorne redet. Ihr könnt doch nicht einfach ein Produkt entwickeln und optimieren, das einseitig nur Insekten tötet.«

Daniel und ich zucken zusammen.

»Wie meinst du das?«, frage ich.

»Das ist doch ganz einfach. Ihr baut eure Wespenfalle so, wie sie jetzt ist. Zusätzlich schafft ihr einen Ausgang für die Insekten.«

Ich fahre auf die rechte Spur und verringerte das Tempo von 140 auf 80 Kilometer pro Stunde.

»Patrik, ich verstehe nicht, was du meinst«, sage ich.

»Es macht doch keinen Sinn, wenn ihr 24 Stunden am Tag und sieben Tage in der Woche unzählig viele Wespen fangt. Der Konsument muss sich nur wenige Stunden schützen! Die vielen Wespen würden dem Menschen gar nichts tun. Er muss sich doch nur schützen, wenn er draußen ist. Der Konsument geht auf seine Terrasse, aktiviert das Produkt und die Wespen werden gefangen. Wenn er wieder ins Haus geht, öffnet er die Falle und lässt die Wespen fliegen. Das ist Respekt, Insect Respect.«

»Hans, das musst du so machen!«, klinkt sich Frank mit ein. »Wir haben von Anfang an gesagt, dass an erster Stelle das Retten stehen muss. Bei Produkten für die Anwendung außerhalb des Hauses sollte das technisch einfach umsetzbar sein.«

NOCH GILT:
JE MEHR TOTE WESPEN,
DESTO BESSER

»Eure Gedanken sind völlig neuartig, sensationell. Es gibt keine Wespenfallen auf dem Markt, die die Tiere wieder in die Freiheit bringen. Aber bei unseren Kunden und deren Konsumenten gilt nach wie vor: Je mehr ein

Produkt tötet, desto besser. Sie möchten möglichst viele Wespen tot in ihrer Falle sehen«, sage ich.

»Aber mit Insect Respect möchtest du mehr Bewusstsein für Insekten fördern«, sagt Patrik, »und die Menschen zum Umdenken bewegen. Letztlich, Hans, geht es um deine Haltung. Kannst du wirklich eine so unsinnige Wespenfalle auf den Markt bringen?«

»Ich habe einen festen Auftrag. Wenn ich nicht liefere, muss ich eine sehr hohe Strafe zahlen.«

»Kannst du nicht den Kunden von der notwendigen Austrittsmöglichkeit überzeugen?«, fragt Frank.

»Aufgrund des Zeitdruckes ist das völlig ausgeschlossen. Ich müsste ihm das in Ruhe erklären. Eine neue Konstruktion muss gemacht werden, und dann braucht es noch Praxistests, um die Funktionsfähigkeit zu prüfen. Aber nächstes Jahr, bestimmt!«

»Dann haben wir in Ruhe Zeit für die Produktentwicklung«, sagt Daniel. »Frank und Patrik, ihr seid großartig. Ich kenne den europäischen und US-amerikanischen Markt ganz gut. Keiner hat so eine Falle! Eine Superinnovation. Wenn ihr nichts dagegen habt, lassen wir uns das patentieren.«

»Ich habe auch schon einen Namen für diese Idee: Back to Life«, sagt Patrik.

Back to Life. Zurück ins Leben. Alles, aber auch wirklich alles bringt der Satz auf den Punkt. Ich selbst wäre nicht darauf gekommen, Wespen eine Fluchtmöglichkeit anzubieten. Wieder einmal sind es die beiden Künstler, die mir mit ihrem unverstellten Blick dabei helfen, eine neue Perspektive einzunehmen.

»Das wird ein großer Erfolg«, sage ich zu Frank und Patrik. »Ich verspreche: Für jedes verkaufte Produkt bekommt ihr eine Provision. Diese Idee geht ganz allein auf euch zurück.«

FEBRUAR In unserem Schweizer Büro treffe ich Daniel. Unser Insektenfachmann zeigt mir Zeichnungen von Austrittsmöglichkeiten in der Wespenfalle. Auf verwinkelten Wegen können die gefangenen Tiere zurück in ihre geraubte Freiheit krabbeln.

»Hans, hat sich dein Kunde wegen Insect Respect gemeldet?«, fragt Daniel. »Unser Besuch bei dem Institut ist schon wieder sechs Wochen her. Hat der Biologe das Gutachten geändert?«

2019 habe ich folgende Rede (Auszug) gleich zweimal hintereinander gehalten (→ S. 171f.). Zuerst als artonomische Aktion auf dem Deck eines Parkhauses im Züricher Wirtschaftsviertel. Danach bei der Preisverleihung des *Energy Globe Award*. In meiner Hand hielt ich beides Mal ein MEGAFON. Es war ein komisches Gefühl, die Menschen um mich herum so zu beschallen, vor allem die geladenen Energy-Globe-Award-Gäste, die sich lediglich auf ein schönes Fest mit Laudatio und Häppchen freuten. Doch um die massive Front des Schweigens, Verdrängens und Nichtwahrhabenwollens zumindest für ein paar Minuten zu durchbrechen, braucht es auch acht Jahre nach Deppendorf radikale Formate. Nicht zuletzt, weil die Auswirkungen unseres Handelns ebenfalls radikal sind und in nicht allzu ferner Zukunft noch radikaler sein werden.

»Seit über 60 Jahren stellt unser Familienunternehmen Insektentötungsprodukte her. Viele Tausende jeden Tag. Ich hatte nie über den Wert von Insekten nachgedacht und deswegen nie ein schlechtes Gewissen. Bis die Kunst die Ethik in mein Geschäft gebracht hat. Die Fliege Erika ist das Symbol für die kunstbasierte Transformation meines Unternehmens vom Insektentöter zum Insektenretter.

In der Schweiz liegt der ökologische Fußabdruck bei 2,8. Wir verbrauchen also 1,8-mal mehr Natur, als uns zusteht. Wir lassen uns jeden Tag auf ein Experiment ein, von dem wir sicher wissen, dass es scheitern wird. Woher nehmen wir das Recht, die Lebensbedingungen von zukünftigen Generationen so sehr zu reduzieren? Hauptverursacher ist die Wirtschaft. Jeden Tag vermittelt sie uns Bedürfnisse, die wir gar nicht haben.

Um unsere Welt friedlicher, gerechter und naturverträglicher zu gestalten und uns letztlich selbst zu retten, benötigen wir eine starke, kreative und leidenschaftliche Wirtschaft. Mit einem Paradigmenwechsel hin zu mehr Ethik. Lasst uns nicht weiter mit sinnlosen Produkten möglichst viel Geld verdienen und dann über eine Stiftung Sinnvolles tun. Sondern bereits mit unseren Produkten und Dienstleistungen Sinnvolles leisten und damit Geld verdienen. Erst kommt die Haltung, dann die Ökonomie.«

»Nein, ich habe nichts gehört. Ich mag auch nicht anrufen.«

»Wenn sie sich aber für Insect Respect entscheiden, dürfen wir keine Zeit verlieren. Die Flächen müssen angeschaut und individuell geplant werden. Eine Menge Arbeit, wenn wir dieses Jahr gleich mehrere Tausend Quadratmeter umgestalten wollen.«

»Okay. Ich rufe an. Es ist sowieso ganz gut, wenn ich vor unserem großen Auftritt in Luzern Klarheit habe.«

»Welcher Auftritt?«

»Habe ich dir das nicht erzählt?«

»Nein. Ich weiß von nichts.«

»Bitte entschuldige. Es ist viel los. Ich lese ja immer noch sehr intensiv Publikationen über Nachhaltigkeit und Insekten. Und das bestehende Geschäft wächst und wächst. Also: Halt dich fest! Die Stiftung Esprix Excellence Suisse ist eine der bedeutendsten Schweizer Wirtschaftsorganisationen. Sie verleiht jährlich einen Award for Excellence, man sagt, es sei der Oskar der Schweizer Wirtschaft. Sehr feierlich im Kongresszentrum Luzern mit 700 Gästen. Und ich darf Insect Respect als Beispiel für Sustainable Excellence präsentieren.«

»Das ist großartig. Was heißt präsentieren?«

»Ich darf 45 Minuten ein Referat halten. Ich glaube, es gibt nur drei weitere Redner.«

»Das ist eine starke Auszeichnung für deine Arbeit.«

»Ja, ich bin glücklich darüber. Sie haben uns verstanden und geben uns die große Bühne. Jetzt lass mich einmal unseren Kunden anrufen.«

Ich erreiche unsere Ansprechpartnerin.

»Es tut mir leid«, sagt sie am Telefon. »Der Sachverständige wäre zwar bereit, einige Details in seinem Gutachten zu ändern. Er bleibt aber bei seiner Meinung, dass Ihr Konzept nicht tragfähig sei. Er rät uns dringend von einer Partnerschaft mit Ihnen ab.«

»Was können wir jetzt tun?«, frage ich.

»Herr Reckhaus, mit diesem Gutachten ist Insect Respect bei uns tot. Ich kann nicht intern gegen das Gutachten argumentieren. Ich wünsche Ihnen alles Gute.«

Ich bitte alle Büromitarbeitenden in unser Besprechungszimmer, in dem Daniel bereits auf mich wartet. Von Anfang an, also seit September 2012, habe ich das Schweizer Team permanent über die Verhandlungen mit dem Kunden auf dem Laufenden gehalten. Immer wieder habe ich darauf aufmerksam gemacht, wie wichtig diese Zusammenarbeit sei. Wenn unser Kunde Insect Respect aufnähme, würden wir umgehend vom ganzen Markt ernst genommen werden. Nachdem sich die Mitarbeitenden eingefunden haben, berichte ich von der abschlägigen Entscheidung des Kunden.

»Dann lass uns doch zu einem der anderen beiden großen Handelskonzerne gehen«, sagt Daniel trocken.

»Das würde aber unserem großen Kunden nicht gefallen«, sagt Silvia Oertle. Die gebürtige Appenzellerin leitet unser operatives Geschäft in der Schweiz und betreut mit mir zusammen die großen Kunden. »Der Schweizer Markt ist sehr klein. Wenn wir Insect Respect an einen Dritten geben, wird sich unser größter Kunde, der mehr als ein Drittel unseres Umsatzes macht, einen anderen Lieferanten suchen.«

»Dann sind wir blockiert! So können wir Insect Respect nie in der Schweiz anbieten«, sagt Daniel verunsichert.

»Es ist eine ganz schwierige Situation«, sage ich. »Wenn unser Label der große Renner wäre, könnten wir es der Konkurrenz unseres Kunden anbieten. Dieser neue Abnehmer macht schnell viel Umsatz mit uns. So könnten wir die Verluste mit unserem bestehenden Partner wettmachen. Solange aber Insect Respect noch kein Renner ist, wird unsere Rechnung negativ.«

»Ich glaube, dass der Markt noch viel Zeit braucht. Die allermeisten Konsumenten und eben auch Handelsleute verstehen unser Modell nicht«, sagt Silvia Oertle. »Immer wieder, wenn ich in meinem Bekanntenkreis von Insect Respect erzähle, schütteln die Leute den Kopf. ›Nein, das ist ja verrückt! Silvia, überleg dir, ob das der richtige Arbeitgeber ist!‹, muss ich mir regelmäßig anhören. Ich habe aufgehört, darüber zu sprechen.«

Weitere Mitarbeitende berichten von ähnlichen Erlebnissen.

»Unser bestehender Kunde wäre für uns eigentlich der beste Partner«, sagt Silvia Oertle. »In vielerlei Hinsicht. Er zeichnet sich durch eine besonders nachhaltige Unternehmensphilosophie aus, er finanziert jedes Jahr unzählige naturfördernde Aktivitäten und wir haben beste Kontakte zu ihm.«

»Ja, er bleibt ganz klar mein Favorit«, sage ich. »Noch werden wir zu wenig verstanden. Das gibt uns Zeit. Ich möchte bei der bekannten Strategie bleiben: Wir arbeiten an unseren Inhalten und am gesellschaftlichen Bewusstsein für Insekten. Erst später, vielleicht in fünf oder in acht Jahren, geben wir im Vertrieb Gas.«

»Das finde ich sehr gut. Das ist ja auch das, was Sie von Anfang an gesagt haben. Ich bin weiterhin ein großer Anhänger, unsere Zeit wird kommen«, sagt Silvia Oertle.

»Übrigens, wo Herr Bucher gerade da ist, möchte ich Ihnen von meinen kleinen Forschungen berichten«, sage ich. »Ich habe angefangen, ein Buch zu schreiben. Über den Nutzen, aber auch die Schäden von Insekten. In der Literatur wird immer nur einseitig geschrieben: Entweder sind die Insekten überaus nützlich oder furchtbar schädlich.«

»Ein Buch, das beide Seiten zeigt, kann eine Marktlücke sein. Wann bist du fertig? Wann kann ich es lesen?«, fragt Daniel interessiert.

»Das ist abhängig vom Geschäft! Ich brauche sicherlich noch dieses und nächstes Jahr.«

MÄRZ Zusammen mit meiner Frau Julianne reise ich nach Luzern. Den großen Auftritt beim Award for Excellence möchte sie sich nicht entgehen lassen. Auch Frank, Patrik und Jelena kommen mit. Am Morgen erreicht uns im Hotel eine Paketsendung aus St. Gallen: 50 druckfrische Dokumentationen über Insect Respect, darin festgehalten unsere Motive, Gedanken und Ziele. Ich will sie an alle Interessierten verteilen, damit sie auf 85 Seiten nachlesen können, wie sich aus der riklinschen Gegenbewegungsidee ein umfassendes Geschäftsmodell entwickelt hat.

Die bekannte Schweizer Fernsehmoderatorin Susanne Wille führt durch die Veranstaltung. Sie hat sich umfangreich über uns im Internet informiert. Mit großen Worten kündigt sie mich auf der Bühne den rund 650 Gästen an. Das Publikum wird still. Die Akustik in diesem prachtvollen Konzertsaal ist atemberaubend. Als ich spreche, scheinen die Wirtschaftskapitäne wie eingefroren zu sein. Stille. 45 Minuten lang. Und dann der plötzliche, überwältigende Applaus. Die Moderatorin führt noch ein kurzes Interview mit mir, bevor ich abtreten darf. Noch einmal Applaus. Hinter der Bühne wartet Patrik. Wir nehmen uns in den Arm. Die Preisverleihung verfolgen wir auf einem Bildschirm. Anschließend kommt Susanne Wille zu uns. Die Moderatorin beglückwünscht mich überherzlich und verspricht mehrmals, dass sie meinen Weg verfolgen wird.

Anschließend führen Frank und Patrik während des Apéros Interviews mit einigen Zuhörern. Jelena filmt. Die Statements sind eindrücklich:

> *Am Anfang habe ich gedacht, das ist irgend so ein Gag. Ab der Hälfte habe ich es ihm dann abgenommen.*
>
> *Einen kleinen Moment lang ist es crazy. Dann merkt man aber schnell, wie ernsthaft die Problematik ist. Und wie ernsthaft das umgesetzt worden ist.*
>
> *Musterbrecher werden immer am Anfang als Spinner angeschaut. Bis sich herausstellt, dass sie richtig gedacht haben. Diese Phase muss jeder Pionier durchmachen.*
>
> *Es kann sein, dass das Label einmal ganz normal sein wird, wie ein Vegan- oder Fairtrade-Label zum Beispiel.*

Zurück aus den feierlichen Höhen des Wirtschaftssymposiums tüfteln Daniel und ich an der Back-to-Life-Wespenfalle. Die entstandenen Prototypen zeige ich meinen Mitarbeitenden und einem großen Kunden. Die einhellige Meinung aller:
»Das mit Ihrem grundlegenden Einsatz für Biodiversität ist vielleicht noch nachvollziehbar. Aber niemand versteht, warum Sie sich für Wespen starkmachen wollen. Je mehr Wespen getötet werden, desto besser.«

Meine Eltern haben mich nie gefragt, ob ich später einmal ihre Firma übernehmen werde. Und auch ich habe mir diese Frage nie gestellt. Uns dreien kam gar nicht in den Sinn, dass es eine andere Option geben könnte. Die NACHFOLGE stand quasi von Anfang an fest. Erst während meiner Studentenzeit in der Schweiz habe ich diesen Zukunftsplan hinterfragt. Will ich das? Dabei wurde mir klar, dass ich vielleicht gar nicht der geborene Unternehmer bin, der in Bielefeld die Firma seiner Eltern in die Zukunft führen möchte. Zumal mich Insektizide nicht interessierten. Zu den Produkten hatte ich keinen Bezug.

Nach Diplom und Promotion bin ich dann doch nach Bielefeld zurück, aber eher mit dem falschen Ehrgeiz – man könnte auch sagen Arroganz –, dass ich das Unternehmen vielleicht sogar mit halbem Einsatz führen könnte. Dann stünden mir 50 Prozent meiner Zeit und Kraft für all das zur freien Verfügung, was mich wirklich interessiert: Wissenschaft, Literatur, später auch Kunst. (→ O)

Die Rechnung ging nicht auf. Ich baute neben der Hausmarke *recozit* das Standbein Handelsmarken auf und zusätzlich den zweiten Standort in der Schweiz. Schnell war ich genau an jenem Punkt, an dem ich nie sein wollte, mittendrin im Hamsterrad, das sich immer schneller dreht – mit all den bekannten Begleiterschei-

nungen: Druck, Verantwortung, keine Zeit für die angeblich wirklich wichtigen Dinge. Kurzzeitig habe ich überlegt, das Unternehmen zu verkaufen, es gab ein paar Interessenten und ein akzeptables Angebot lag bereits auf dem Tisch – heute bin ich froh, dass ich es nicht unterschrieben habe.

Im Laufe der vergangenen zehn Jahre ist mir klar geworden, über welche Gestaltungsfreiheit ich als Unternehmer verfüge. Ich muss nicht mit meinen Produkten weiterhin dazu beitragen, die grundlegenden Voraussetzungen unser aller Leben zu zerstören. Und ich muss auch nicht nach dem Sinn des Lebens jenseits meiner Unternehmensmauern suchen. Ich selbst habe es in der Hand, wie und womit ich mein Unternehmen in die Zukunft führen will – und zwar in eine Zukunft, die zutiefst Sinn ergibt.

Diese Erkenntnis klingt banal, doch um mich herum sehe ich zu 90 Prozent ein business as usual. Erfolgreiche Unternehmer mit Konten gefüllt bis in alle Ewigkeit, die überarbeitet und verängstigt in die Zukunft blicken und mit aller Kraft versuchen, ihre alten, überkommenen Geschäftsmodelle für die nachkommenden Generationen zu konservieren. Vielleicht an dieser oder jener Stelle ein bisschen grüner, aber im Kern wie eh und je.

Auch ich setze das alte Geschäft fort, um meinen Laden und meine Mitarbeiter aktuell halten zu können. (→ W) Doch ich nutze mein Unternehmen zusätzlich als Hebel, um einen gesellschaftlichen Beitrag zu leisten, Bewusstsein zu schaffen und meine eigene, viel zu groß geratene Bran-che zu stutzen. Wenn ich das schaffe, als kleiner Unternehmer in Bielefeld, dann schaffen es auch andere. Meine Voraussetzungen haben allein in Deutschland Zehntausende. (→ X)

Resigniert verzichte ich auf die behördliche Anmeldung der bereits erstellten Patentschrift für die einzigartige Falle. Den Claim »Back to Life« lasse ich jedoch von *Festland* gestalten und von unseren Anwälten in der gesamten westlichen Welt rechtlich schützen.

APRIL Noch ist kein Geschäft in Sicht, dafür Auszeichnungen, Medienartikel und Vorträge. Der Wirtschaftsminister in Nordrhein-Westfalen kürt uns zum Best-Practice-Beispiel für Innovationen und der Querdenker-Club mit seinen 320 000 Mitgliedern verleiht mir seinen Vordenker-Preis. Mehrere Zeitungen schreiben über uns und auf *3Sat* wird ein langer Fernsehbericht ausgestrahlt: »Vom Saulus zum Paulus«. Ich halte zahlreiche Vorträge an Universitäten und Symposien und komme im Herbst an persönliche Belastungsgrenzen. Das Unternehmen wächst mit dem konventionellen Geschäft weiterhin knapp zweistellig, die Bücherberge zu Hause werden größer und die Anfragen für Vorträge und Interviews häufen sich. Ich brauche Verstärkung!
Tina Teucher, Redaktionsleiterin des Magazins *Forum Nachhaltig Wirtschaften,* schreibt einen hervorragenden Artikel über uns. Als ich Anfang Mai realisiere, dass sie die Autorin eines großartigen Buches über Nachhaltigkeit ist, das ich gelesen habe, kontaktiere ich sie umgehend. Und habe Glück! Die studierte Germanistin und Absolventin eines Masters in Sustainable Management möchte sich im Nachhaltigkeitsbereich selbstständig machen. Ab Dezember wird die Münchnerin mit einem Pensum von circa 50 Prozent die Kommunikationsaktivitäten von Insect Respect übernehmen und uns in allen Nachhaltigkeitsfragen beraten.

JUNI Bei einer Vernissage an der Universität St. Gallen lerne ich Mitglieder der hauseigenen Kunstkommission kennen. Das Gremium hat von unserer Geschichte gehört und interessiert sich für *Erika*. Sie soll in die international bekannte Kunstsammlung meiner ehemaligen Alma Mater aufgenommen werden – neben Arbeiten von Giacometti, Miró und Richter.

Frank, Patrik und ich sind von dem Gedanken sehr erfreut. Im öffentlichen Raum kann *Erika* viel mehr bewirken als im Eingang unserer Firma, wo sie seit der Aktion *Fliegen Retten in Deppendorf* weilt. Hinzu kommt: Alois Riklin, der Vater der beiden Künstler, hat an der Universität Politikwissenschaften gelehrt und war Rektor von 1982 bis 1986.

»Wie viel Geld hat dir die Universität geboten?«, fragt Patrik. Ich erzähle, dass die Hochschule seit vielen Jahren keine Werke mehr ankauft. Der Wunsch ist, dass ich *Erika* stifte. Frank und Patrik sind außer sich. *Erika* sei viel zu viel wert, als dass ich sie für immer verschenken könne. Nein, es darf nur zu einer Leihgabe kommen, fordern sie.

WEM GEHÖRT ERIKA, WIE VIEL IST SIE WERT?

Die Kunstkommission stimmt zu und überreicht mir den Überlassungsvertrag, der auf meinen Namen ausgestellt ist. Frank und Patrik machen mich darauf aufmerksam, dass wir nicht explizit darüber gesprochen haben, wem *Erika* gehöre. Vielmehr hätten wir gesagt, dass die Erlöse aus Kunstverkäufen gedrittelt werden. Damit hätten wir stillschweigend vereinbart, dass die Kunstwerke uns dreien gehören.

Wieder fängt unsere anstrengende Auseinandersetzung darüber an, ob und wie die beiden am zukünftigen Unternehmenserfolg partizipieren können. Frank und Patrik sind weiterhin von dem überaus großen Potenzial unserer innovativen Gegenbewegung überzeugt. Sie gehen davon aus, dass Insect Respect einen schönen Teil ihrer Altersvorsorge finanziert. Zwei lange Sitzungen mit den beiden verlaufen ergebnislos.

Wir geraten unter Zeitdruck. In wenigen Wochen soll *Erika* an der Universität öffentlich präsentiert werden. Spätestens dann muss die Frage beantwortet sein, wer genau der Stifter ist.

Erika gehört mir, denke ich. Schließlich habe ich die gesamte Fliegenrettungsaktion bezahlt. Außerdem: Die beiden haben gewollt, dass wir *Erika* in mein Bielefelder Unternehmen bringen. Damit haben sie deutlich gemacht, dass die Fliege zu mir gehört. Trotzdem: Auf Ratschlag meiner Frau biete ich an, ihnen *Erika* abzukaufen. Sie ist ein Kunstwerk. Sie ist das verkörperte Konzentrat der riklinschen Rettungsaktion. Frank und Patrik sind die Künstler, ich bin der Kunstsammler. Ich möchte Klarheit gegenüber der Universität haben. Gleichzeitig kann ich den beiden mit dem Kaufpreis ein Zeichen meiner Wertschätzung ausdrücken.

Frank und Patrik diskutieren einige Tage über meinen Vorstoß. Schließlich machen sie am Telefon ein überraschendes Angebot:

»Wir sind damit einverstanden, dass du uns für *Erika* Geld gibst. Der Kaufpreis für *Erika* entbindet dich dann von allen zukünftigen Forderungen von uns«, sagt Frank.

»Wie soll ich das verstehen?«, frage ich überrascht.

»*Erika* ist die Lösung! Wir haben es in den letzten Monaten nicht geschafft, uns ökonomisch zu einigen. *Erika* kann uns den Weg weisen. Überlege dir in Ruhe einen Preis und lass uns uns nächste Woche im Atelier treffen.«

Die Fliege hat für Frank, Patrik und mich eine immense Bedeutung. Mehrere Tage lang frage ich mich zusammen mit meiner Frau: Welchen Wert hat *Erika*?

Ich besuche Frank und Patrik in ihrem Atelier und unterbreite schüchtern mein Preisangebot.

»Wie viel sagtest du? Bitte wiederhole das«, sagt Frank.

Langsam wiederhole ich die Zahl, die Frank auf ein Papier schreibt.

»Hans, wir finden das toll. Wir sind völlig einverstanden.«

»Puh. Ich bin euch sehr dankbar, dass ihr den Preis akzeptiert. Ihr wisst, dass *Erika* für uns drei unbezahlbar ist.«

»Im Vorfeld haben Patrik und ich besprochen, dass wir jeden Preis akzeptieren. Du hättest uns auch einen Franken bieten können.«

»Wie meinst du das?«
»Wir haben in den letzten Wochen festgestellt, dass wir uns in diesen finanziellen Dingen mit dir verrannt haben. Das Geld hat immer mehr Besitz von uns ergriffen. Wir haben uns befreit und die Sache ist damit erledigt.«

NOVEMBER Die beiden Künstler und ich unterzeichnen einen Vertrag über den Kauf von *Erika*, die Erlösaufteilung beim Verkauf weiterer Kunstobjekte aus der Fliegenrettungsaktion und eine Beteiligung am Umsatz von Back-to-Life-Produkten. Ich bin dankbar für die Regelungen, für mich ist das alles stimmig.

 ERIKA STELLT SICH UNS ALLEN IN DEN WEG

Ein paar Wochen später überreichen wir zusammen mit einer kleinen Delegation aus Deppendorf *Erika* der Universität St. Gallen. Die Presse ist da, auch das Fernsehen. Dutzende Kameras verfolgen, wie der offene, hölzerne Sarkophag, in dem die Fliege ruht, in den harten Betonboden des Hauptgebäudes eingelassen wird – zentriert im Durchgangsbereich zwischen altem und neuem Trakt. Genau dort und exakt so, wie Frank und Patrik das wollten. Durch eine dicke Panzerglasscheibe geschützt, kann sie nun jeder betrachten. *Erika* stellt sich wortwörtlich in den Weg der Gesellschaft und fordert sie heraus, über das zwiespältige Verhältnis von Mensch und Insekt nachzudenken. Aber auch über die Symbiose von Kunst und Wirtschaft, ethischem Denken und ökonomischem Handeln.
Der Rektor lässt sich die persönliche Begrüßung von *Erika* nicht nehmen. Dem Schweizer Fernsehen sagt er anschließend, dass die Fliege ein Beispiel für konsequentes Wirtschaften sei. Seine Universität möchte solche »unternehmerisch denkenden und handelnden Persönlichkeiten hervorbringen«.
Im Vorfeld hatte es massiv Kritik von Seiten der Studierenden gegeben. In den Sozialen Medien kursierte das Gerücht, dass die Hochschule für *Erika*

120 000 Franken ausgegeben hätte – so viel Geld für eine ordinäre Fliege, während die Hochschule aus allen Nähten platzt und dringend anbauen müsste.

DEZEMBER Kurz vor Weihnachten erzählt mir Daniel, dass er sich beruflich verändern möchte. Kurze Überschlagsrechnung im Kopf, dann biete ich ihm eine Anstellung an. Ab dem 1. März 2015 ist unser Insektenfachmann fest an Bord. Ein guter Jahresausklang.

2015

MÄRZ Tina, Daniel und ich haben in Bielefeld unsere erste gemeinsame Insect-Respect-Strategiesitzung. Auch mein Bruder Arne ist dabei, der aber zwischendurch immer wieder in den Betrieb muss. Einen ganzen Tag wollen wir über die generelle Ausrichtung von Reckhaus diskutieren. Wo wollen wir hin? Wo kommen wir mit unserem Unternehmen raus, wenn wir Insect Respect konsequent zu Ende denken? Werden wir als Hersteller von Insektenbekämpfungsprodukten eines Tages vielleicht gar keine Bekämpfungsprodukte mehr herstellen? So wie ein Automobilhersteller als Mobilitätsdienstleister irgendwann keine Autos mehr? Mit einem starken Statement fange ich an:

»Ich möchte weltweit den Markt für Insektenbekämpfungsmittel bekehren: weniger Bekämpfung und wenn überhaupt, dann mit unserer Kompensation. Ich will unser Unternehmen drehen: vom biziden Produktehersteller zum Anbieter von nachhaltigen Dienstleistungen.«

»Welche Dienstleistungen siehst du neben der Kompensation?«, fragt Tina.

»Wir könnten unter anderem Hersteller und Händler dahingehend beraten, dass ihre Produkte nicht mehr insektizid oder umweltgefährlich sind. Es gibt bereits heute viele spannende Lösungen.«

»Erzähl Tina bitte einmal, was du dir für das Tessin überlegt hast«, sagt Daniel zu mir.

»Aufgrund der vielen Seen und der Wärme hat der südlichste Kanton der Schweiz ein besonders hartnäckiges Mückenproblem. In der Vergangenheit haben die Bewohner sich mit starken Insektiziden helfen können, die nun mit dem neuen EU-Biozidgesetz aber verboten sind. Wir könnten jetzt Schulungen durchführen und einen ganzheitlichen Präventions- und Bekämpfungsplan entwickeln. Welche Insekten sind wo? Und welche Insekten sind eine Bedrohung? Ein großer Teil des vermeintlichen Insektenproblems kann durch die Eliminierung von kleinen Wasserdepots behoben werden, die idealen Brutstätten für Mücken. Zudem könnten parasitäre Insekten zum Einsatz kommen, die die Mücken fressen, und an einigen Orten vielleicht auch Chemie. Die Insektenverluste kompensieren wir natürlich. Für Insect Respect gäbe das ein mehrjähriges Projekt. Wir können Geld verdienen und gleichzeitig einen tollen gesellschaftlichen Beitrag leisten. Und na ja, andere Kantone und andere Länder haben auch Insektenprobleme. Ein Riesenmarkt.«

»Worauf wartest du?«, fragt mich Tina begeistert.

»Ich hätte große Lust, Tina, aber ich habe keine Zeit. Das sind Ideen für die Zukunft. Aber lass dir von Daniel erzählen, was wir heute schon machen.«

»Schon seit vielen Jahren bieten wir recozit-Kunden in der Schweiz eine Insektenbestimmung an«, sagt Daniel. »Die Kunden schicken uns ihr Insekt, wir bestimmen das Tier und beraten dann. Oftmals wissen die Kunden gar nicht, welches Insekt sie zu Hause haben. Sie kaufen dann einfach ein Produkt, das sie viel zu breitflächig anwenden. Unser Service ist sehr beliebt. Wir haben jedes Insekt dokumentiert und teilweise sogar präpariert. Über die Zeit ist eine einzigartige Insektensammlung entstanden.«

»Allein diese Beispiele zeigen dir, Tina, wie viel Potenzial wir haben. Menschen treffen allgegenwärtig auf Insekten, und überall fehlt es an Wissen.«

»Aber der erste Schritt ist doch die Transformation der eigenen Branche«, sagt Tina.

»Sicherlich haben wir auf unserem eigenen Markt die stärkste Strahlkraft. Da können wir am schnellsten Dinge bewegen.«

»Da noch kein Kunde für Insect Respect in Sicht ist, sollten wir mit den Dr.-Reckhaus-Produkten starten. Es ist momentan die einzige Möglichkeit,

Dass ich heute anders über Kunst denke, verdanke ich einem Freund. Er hat mich mehr oder weniger gezwungen, eine Ausstellung in einer Kölner Galerie zu besuchen. Das war 1996 und Köln war *die* Galerie-Stadt Deutschlands. Ich hatte absolut keine Lust. Aber wenn ein Freund zu mir sagt: »Du gehst da hin«, dann geh' ich da hin.

Ich kann mich noch gut daran erinnern, wie ich vor der Galerie stand. Anstatt reinzugehen und es hinter mich zu bringen, bin ich erst einmal um den ganzen Block gelaufen. Es hat mich innerlich zerrissen. Letztlich blieb das Aha-Erlebnis aus, es war so blöd wie erwartet. Acht Bilder, alle abstrakt, alle blau, von irgendeinem aufstrebenden Künstler namens David ORTINS aus New York.

Am nächsten Tag hat mich mein Freund angerufen und gefragt, wie es mir gefallen hat. Meine Antwort war ihm im Grunde egal. Er wollte nur mitteilen, dass mir der Galerist, sobald die Ausstellung vorbei ist, eines der Bilder völlig unverbindlich ins Büro bringen wird. Angeblich hatte ich es ein paar Sekunden länger betrachtet als die anderen. Vier Wochen später kam der Galerist tatsächlich mit dem Bild angefahren — verpackt in einer extra dafür angefertigten Holzkiste. Da habe ich zum ersten Mal gedacht: Wahnsinn, eine eigene Kiste für ein Bild, um es zuerst von New York nach Köln zu bringen und dann von Köln nach Bielefeld. Der Galerist hat lange mit mir geredet. Über den Künstler, das Bild und wo denn in meinem Arbeitszimmer der perfekte Ort dafür wäre. Er hatte freie Wahl, meine Wände waren alle kahl, keine Kunst nirgends. Als er das blaue Bild schließlich mit weißen Handschuhen vorsichtig aus der Kiste nahm und behutsam an die Wand hängte, links von meinem Schreibtisch, dachte ich zum zweiten Mal: Wahnsinn. Diese Wertschätzung, dieser tiefe Respekt — das hat mich beeindruckt. Vielleicht hatte ich ja irgendetwas nicht begriffen, irgendetwas nicht gesehen.

Aus einer Mischung aus Neugierde und Trotz habe ich mich dann jeden Morgen für zehn Minuten vor das Bild gestellt und gefragt: Was kannst du mir erzählen? Ich habe versucht, etwas Gegenständliches zu entdecken, ein Haus, ein Auto, einen Baum. Irgendetwas. Aber da war nichts. Ich habe das Bild aus der Nähe betrachtet. Es gab Stellen ohne Farbe, Stellen mit wenig Farbe, Stellen mit viel Farbe und Stellen mit mehreren Farbschichten. Ich habe das Bild aus der Ferne betrachtet: Hellere Stellen stiegen an die Oberfläche, dunklere Stellen versanken in der Tiefe. Ab da machte es langsam Spaß, das Bild zu erkunden. Es fing an zu leben und ich entdeckte jeden Tag etwas Neues. Mit weißer und blauer Farbe sowie Wachs hat der Künstler ein ganzes

Universum erschaffen. Geheimnisvoll leuchtend, wunderbar sinnlich, unendlich tief. Für mich war das unglaublich. Aus Spaß wurde wirkliche Freude. Es mag sich komisch anhören, doch ich fühlte mich mehr und mehr mit dem Bild verbunden – und, ja, auch von ihm verstanden. Ich entdeckte mich darin wieder, das Bild warf mich auf mich selbst zurück. Seine Höhen waren meine Höhen. Seine Tiefen waren meine Tiefen.

Der Name Gottfried Boehm war mir damals kein Begriff. Erst später habe ich Aufsätze von dem deutschen Kunsthistoriker gelesen. Für ihn ist die Betrachtung eines Bildes »eine kulturelle Leistung, die man an sich selbst erbringt«. Besser kann man es nicht ausdrücken.

Heute hängt das blaue Bild im Esszimmer. Ich habe es dem Galeristen für 9000 D-Mark abgekauft. Dafür musste ich einen Kredit aufnehmen: den ersten Kredit meines Lebens für die von mir ursprünglich doch so verhasste Kunst.

Insect Respect zu zeigen und deutlich zu machen, dass die Gedanken keine Fiktion, sondern heute bereits Realität sind.«

»Tina, wir sind zu früh. Noch versteht uns keiner«, sage ich.

»Aber irgendwann musst du starten! Es wirkt unglaubwürdig, dass es auch zwei Jahre nach der Aktion immer noch keine Produkte gibt.«

»Ich verstehe deine Gedanken. Aber was bringt uns ein Angebot, das der Konsument im Regal stehen lässt? Insekten werden ausschließlich als Schädlinge wahrgenommen. Deshalb denken die meisten, wir seien verrückt. Letztes Jahr habe ich einen Vortrag an der Universität München gehalten. Danach hieß es: Ich solle endlich aufhören. Das sei doch alles versteckte Kamera.«

»Immer mehr Menschen sind für einen Wechsel bereit, immer mehr wollen etwas Gutes tun und sinnvolle Projekte unterstützen.«

»Du redest über eine kleine Menge von Konsumenten, die im Biofachgeschäft oder ganz gezielt im Internet einkaufen. Um die zu erreichen, müssen wir eine Vertriebsmannschaft aufbauen, die wir uns überhaupt nicht leisten können.«

»Hast du schon einmal über die Biofach in Nürnberg nachgedacht? Die größte Biomesse der Welt, die vom gesamten grünen Handel besucht wird.«

»Ich habe von der Messe gehört. Dürfen wir da als chemischer Biozidhersteller überhaupt ausstellen?«

»Ich würde das abklären. Die Biofach wird nicht nur von kleinen und großen Fachgeschäften besucht, sondern auch von Drogeriemärkten und Bioketten. Denen könnten wir das Gütesiegel anbieten.«

»Ich bin skeptisch. Die wenigsten Kunden werden gleich auf der Messe kaufen. Wesentlich sind die Nacharbeit und der Besuch vor Ort. Und genau das können wir nicht leisten. Wir müssen äußerst konzentriert mit unserem Geld wirtschaften! Unsere große Herausforderung heißt nicht, mit dem bestehenden, konventionellen Geschäft möglichst viel Geld verdienen. Unsere Aufgabe ist es, mit möglichst wenig Geld Insect Respect am Leben zu halten. Oder anders gesagt: Die Challenge heißt Durchhalten!«

WERBUNG FÜR INSEKTEN, NICHT FÜR PRODUKTE

Es geht hin und her, schließlich legen wir konkrete Ziele für die nächsten Jahre fest: 2015 perfektionieren wir unsere Fliegenscheibe, damit wir wenigstens ein Dr.-Reckhaus-Produkt vorweisen können. Wir veröffentlichen mein Buch über Insekten und errichten eine zweite Ausgleichsfläche an unserem Schweizer Firmensitz. Ich will zeigen, dass man die Schäden von Bioziden kompensieren kann.

2016 stellen wir auf der Biomesse aus und eröffnen einen Internetshop. 2017 und 2018 sammeln wir im deutschsprachigen Raum Erfahrungen, bevor wir 2019 eventuell in den US-amerikanischen Markt eintreten, den ich als hochpotenziell für uns betrachte.

Grundsätzlich wollen wir jedoch weg vom Produktgeschäft hin zu nachhaltigen Dienstleistungen von Insect Respect. Die Ziele werden einerseits unterstützt durch Vorträge von mir, Medienberichte und Auszeichnungen, um die sich Tina kümmert. Andererseits durch den Aufbau von Partnerschaften mit Non-Profit-Organisationen, um die sich Daniel kümmern möchte. Das Herz unserer Aktivitäten soll die Bewusstseinsförderung sein: Wenn der Konsument den Wert der Insekten erkennt, wird alles automatisch für uns laufen. Wir wollen nicht Werbung für unsere Produkte betreiben. Wir wollen Werbung für Insekten betreiben!

APRIL Damit die Dr.-Reckhaus-Fliegenscheibe nicht nur aufgrund der Kompensationsleistung ökologisch sinnvoll ist, versuchen wir sämtliche Komponenten umweltverträglich zu gestalten. Die Abdeckscheibe wird zu einem großen Teil aus Flüssigholz hergestellt, der Saugnapf besteht aus Naturkautschuk und die Faltschachtel wird CO_2-neutral bedruckt. Nur der synthetische Klebstoff, der mit weniger als einem Gramm auf die Fangfolie aufgetragen wird, bereitet uns Sorgen.

Ich habe eine Idee. Bei meinem Vortrag in Luzern letztes Jahr habe ich eine Medizinprofessorin aus Hannover kennengelernt. Sie hat sich bei ihren chirurgischen Eingriffen auf den Einsatz von Spinnenseide spezialisiert. Wir könnten doch unsere Fliegenfallen mit klebrigen, völlig

Jeden Tag verschwinden in Deutschland 56 Hektar fruchtbarer Boden unter Asphalt und Beton.[1] Das entspricht einer Fläche von 80 Fußballfeldern und aufs Jahr hochgerechnet einer Stadt, die so groß wie Stuttgart ist. Eigentlich wollte die Politik den Flächenfraß bis 2020 auf 30 Hektar pro Tag begrenzen, jetzt wurde das Ziel auf 2030 verschoben.

Ich habe mich entschieden, selbst zum PRESSLUFTHAMMER zu greifen und versiegelte Flächen auf unseren Firmengeländen aufzureißen (→ S. 156 ff.). Ob Parkplatz, Innenhof, Zufahrtsweg oder Flachdach, jeder Meter zählt. Wir müssen die Natur zurückholen in unser aller Leben.[2]

1 Offizielle Erhebung des Bundesministeriums für Umwelt, Naturschutz und nukleare Sicherheit
2 Ein beliebtes Kundengeschenk sind neuerdings Samenmischungen für Insektenweiden. Mal bekommt man die Tütchen einfach so überreicht, mal liegen sie einem Produkt bei. Selbst wenn Samen aufgehen sollten, Insekten brauchen nicht nur ein paar Blümchen in sonst eher insektenfeindlichen Gärten und Siedlungen. Insekten brauchen in allererster Linie miteinander vernetzte Lebensräume, in denen sie leben und überleben können.

naturbelassenen Spinnenfäden beleimen! Daniel und ich besuchen gleich zweimal die Medizinerin am Universitätskrankenhaus in Hannover und tauchen tief in die Spinnenzucht ein. Die Chirurgin ist begeistert und arbeitet tatkräftig mit.

 FÄDEN TROPISCHER SPINNEN KLEBEN NICHT GENUG

Nach drei experimentellen Monaten mit den tropischen Spinnen in Niedersachsen müssen wir aufgeben. Die Fäden dieser spezifischen Art sind für unsere heimischen Fliegen zu wenig klebrig. Die nächste Möglichkeit heißt Madagaskar. Dort soll es für uns geeignete Spinnen geben. Wir verschieben das Projekt auf unbestimmte Zeit, die Fliegenscheibe wird es vorerst nur mit normalem Kleber geben. Auch weil unser Herz vor allem für Back to Life schlägt. Tina, Daniel und ich diskutieren, und diskutieren, und haben schließlich die Idee für den Fliegenretter: eine Art kleiner Tennisschläger, der mit einem verschließbaren Fangnetz ausgestattet sein soll. Der insektenfreundliche Anwender kann mühelos lästige Fliegen mit dem Produkt fangen. Mittels seitlichem Drehrad wird eine dünne Scheibe zwischen die Freiheit und den Luftsack geschoben. Der fliegende Brummer ist eingesperrt und kann anschließend zurück in seine natürliche Heimat gebracht werden. Wir fertigen einige Skizzen an, als ich sage:
»Ist das nicht schön? Jetzt machen wir ein Insect-Respect-Produkt, das wir gar nicht kompensieren müssen.«

JULI Bevor es mit dem Bau unserer Schweizer Ausgleichsfläche losgehen kann, versuchen wir nicht nur die Eigentümer von dem generellen Sinn unseres Vorhabens zu überzeugen. Auch unsere fünf Mitmieter wollen wissen, ob sie mit mehr Insektenflug und Vogelkot rechnen müssen. Wir benötigen zwei große Sitzungen, dann gibt es grünes Licht.
Daniel hat sich für ein 500 Quadratmeter großes Flachdach entschieden. Darauf kommt Substrat, mal höher, mal niedriger, mit diversen Anhügelungen. Es soll trockenere und feuchtere Standorte geben, dazu Asthaufen

aus einheimischen Baumarten sowie Steinhaufen aus Roll- und Flusssteinen aus der Region. Dazu zehn verschiedene Busch- und 90 Schweizer Wildblumenarten. Daniel ist voll in seinem Element. Für den Bau des Insekten-Schlaraffenlands hat er einen Landschaftsgärtner und zwei Langzeitarbeitslose gewinnen können. Das war für Tina eine Bedingung, dank ihr legten wir fest, dass Insect Respect unbedingt immer auch eine soziale Komponente haben muss. So erfolgt die Anlage einer Fläche immer in Zusammenarbeit mit sozial benachteiligten Menschen oder den Mitarbeitenden der jeweiligen Unternehmen und Organisationen, die uns beauftragen.
Parallel arbeiten wir an unserer Insect-Respect-Wanderausstellung. Daniel, Tina und ich wollen vor allem Museen ein fertiges, modulares Konzept zur Bewusstseinsförderung für Insekten anbieten. Zusammen mit Marcus Gossolt entwickeln wir informative, stapelbare Kartonkisten, Augmented Reality und eine App.

SEPTEMBER Zur Einweihung unserer ersten Schweizer Fläche verwandeln wir in unserem Verwaltungsgebäude einen großen Raum in einen interaktiven Erlebnisraum. Unsere Gäste schwirren mit Tablet und Kopfhörer durch die faszinierende Welt der Sechsbeiner. Besonders gut kommt unser Animationsfilm *Kleine Riesen* an. Marcus Gossolt hatte mich bereits vor längerer Zeit auf die Idee gebracht, einen kurzen, unterhaltsamen Werbefilm für Insekten zu realisieren. Daniel und ich lieferten Information über die unschätzbar großen Dienste, die die kleinen Tiere tagtäglich uns Menschen kostenlos liefern. Marcus hat mit seinem Team das Drehbuch geschrieben und der St. Galler Trickfilmer Simon Oberli hat es in eine faszinierende Filmstrecke verwandelt. Professionell vertont endet der knapp vierminütige Trickfilm mit der Aufforderung: Wir haben die Wahl: eine Fliege töten oder eine Fliege aus dem Fenster fliegen lassen. Denken wir daran: Das Leben respektieren heißt auch, Insekten respektieren.
Mein Bruder ist mit allen Bielefelder Verwaltungsmitarbeitenden und unserem neuen Betriebsleiter, Peter Maltz, angereist. Ende 2013 hatten wir endlich Glück und fanden die richtige Besetzung für die Produktionsverantwortung. Seitdem führt Arne den gesamten Innendienst und

ermöglicht mir viel mehr Freiraum. Meine Schweizer rechte Hand Silvia Oertle ist natürlich mit dem gesamten Team präsent. Frank und Patrik ebenfalls, und wie gewohnt filmt Jelena alles. Unter den Gästen sind Wissenschaftler, Vertreter von Non-Profit-Organisationen, Vermieter, Mieter und Anlieger.

»ICH WÜNSCHE IHNEN NACHAHMER«

In einem langen Vorgespräch ist es mir gelungen, Roland Inauen zu gewinnen. Der höchste politische Repräsentant des Kantons Appenzell Innerrhoden hält eine großartige Rede.
»Es ist außergewöhnlich, dass sich ein Unternehmen, das sich auf die Vernichtung von Insekten spezialisiert hat, sich gleichzeitig für den Wert der Tiere einsetzt ... Das Vorgehen Ihrer Firma ist weltweit einzigartig. Ich wünsche Ihnen von Herzen Nachahmer.«
Medien berichten wohlwollend, auch jenseits der Schweizer Landesgrenze. Und nachdem ich im November von der Hochschule für Ingenieurwissenschaften und Verwaltung des Kantons Waadt den Schweizer Ethikpreis erhalte, besucht uns die *Neue Zürcher Zeitung*. Sie veröffentlicht ein großes Foto der ersten Insektenausgleichsfläche der Schweiz zusammen mit einem langen Artikel, Titel: »Vom Wert der Fliegen«.

STUFE 7
VERTRAUEN HABEN: DER ERSTE DURCHBRUCH KOMMT

2016

FEBRUAR Im Februar stellen wir als einziger Insektizidhersteller auf der Biofach in Nürnberg aus. Ich habe Marcus Gossolt gebeten, einen spannenden Stand zu entwerfen, der auffällt. Schließlich geht es darum, als Unbekannter auf der Messe überhaupt wahrgenommen zu werden. Der größte Teil unseres Standes besteht aus einem biederen, 24 Quadratmeter großen Wohn-Esszimmer – allerdings auf dem Kopf stehend. Umdenken ist angesagt! Wir verteilen Brillen mit Fliegen-Augen-Gläsern, zeigen unseren Animationsfilm *Kleine Riesen* und informieren über den Wert der Insekten. Praktisch alle Besucher bleiben stehen und lassen sich auf einen Dialog mit uns ein. Vor laufender Kamera zeigen sich die Insektensympathisanten aus aller Welt begeistert:

> *Sie stellen Insektenbekämpfung auf den Kopf – oder nein, Sie bringen sie dahin zurück, wo sie sein sollte.*
> *Gerade bei naturbewussten Kunden wird dieses Konzept gut ankommen. Hinter solchen Produkten können wir stehen und sie in unserem Geschäft weiterverkaufen.*

30 Inhaber von kleinen Fachgeschäften geben uns Aufträge zur Lieferung der Dr.-Reckhaus-Fliegenscheibe. Sie fragen weder nach der besonderen Funktion des Produktes noch nach dem Preis. Für sie zählt nur die nachhaltige Philosophie von Insect Respect.

Der Chefeinkäufer unseres zweitgrößten Kunden in Deutschland kommt ebenfalls auf den Stand. Seit Jahren dürfen wir die insektenbekämpfende Handelsmarke seines Konzerns herstellen. 2011 hat er über unsere Kunstaktion zur Markteinführung von Flippi den Kopf geschüttelt. Ich bin froh, dass ich gerade von einem Medienvertreter interviewt werde. Nach einer kurzen Begrüßung übergebe ich ihn an Tina. Sie erläutert ihm über 20 Minuten, warum es gewinnbringend wäre, seine hauseigene Marke mit unserem Gütesiegel auszustatten. Erfolglos. Der Handelsmanager ist von mir persönlich begeistert, erzählt Tina. Einerseits, weil wir im normalen Tagesgeschäft sehr gute Arbeit leisten. Andererseits, weil ich diese verrückte Idee tatsächlich durchziehe. Aber leider, es sei nur eine skurrile Idee und deswegen sei er nicht interessiert.

Die vier Messetage gehen schnell vorbei. Viele Inhaber von kleinen Geschäften führen lange Diskussionen mit uns. Die wenigen Repräsentanten von großen Handelshäusern hingegen scheinen immer noch an einen Marketing-Gag zu denken und wollen mit uns nichts zu tun haben.

Überwältigt von den überwiegend positiven, nationalen wie internationalen Reaktionen auf unser Konzept flammt bei mir ein alter Gedanke auf: Die USA sollten neben dem deutschsprachigen Raum der nächste Schritt für uns sein. Ein Markt so groß wie Europa, aber im Gegensatz zum komplizierten alten Kontinent nur mit einer Sprache, einer Gesetzgebung und einer Handelsstruktur. Die Biofach veranstaltet auch eine Biofach America. Ich lasse mir für 2017 eine Fläche reservieren und vereinbare mit der Messeleitung ein Treffen auf der im Herbst stattfindenden Biomesse in Baltimore.

MAI Tina, Jelena und ich reisen zu unserem ersten Kunden in Deutschland, dem Fairmarkt im sächsischen Dippoldiswalde. Wir wollen bei der Auslieferung unbedingt dabei sein. Schließlich geht es um das erste Insektenbekämpfungsmittel der Welt mit ökologischem Ausgleich.

Wir zelebrieren die Premiere mit einer Lesung aus meinem Buch, einer Präsentation des Films *Kleine Riesen* und zahlreichen Gästen, die die Inhaber eingeladen haben. Das Gleiche eine Woche später im schweizerischen Einsiedeln und wenige Tage drauf im liechtensteinischen Schaan und in Wien.

IDEE: ALLE ZUSAMMEN
AN EINEN RUNDEN TISCH

Wieder zurück im Büro kümmere ich mich um eine weitere Idee. Um eine breite Bewegung für Insekten aufzubauen, will ich einmal im Jahr eine Begegnungsplattform für die unterschiedlichsten Insekteninteressierten anbieten: Naturschutzverbände, Umweltbehörden, Entomologen, Imker, Landschaftsgärtner, Museumsdirektoren, auch Vertreter aus Wirtschaft und Politik. An einem Runden Tisch kann jeder Teilnehmende ein Kurzreferat halten und die Plattform für sein Thema nutzen. Dabei sollen auch weniger bekannte Aspekte diskutiert werden, wie zum Beispiel die allnächtliche Lichtverschmutzung, die jährlich unzähligen Insekten zum Verhängnis wird. Straßenlaternen und erleuchtete Fenster sind für die vielen nachtaktiven Sechsbeiner zu hell, sie werden geblendet, flattern desorientiert auf die Lichtquelle zu und umkreisen sie so lange, bis sie vor Erschöpfung sterben – oder von cleveren Fledermäusen und Spinnen, die auf ihre wehrlose Beute warten, gefressen werden.

KOOPERATION MIT IHNEN?
AUSGESCHLOSSEN!

Der erste Runde Tisch findet bei uns im Unternehmen statt. Daniel hat aus dem gesamten Bundesgebiet 400 Fachleute eingeladen. Acht uns völlig unbekannte Personen lassen sich tatsächlich auf uns als Biozidhersteller ein. Wir haben nicht mehr erwartet, gerade bei den umweltorientierten Non-Profit-Gesellschaften ist die Skepsis uns gegenüber zu groß. So schrieb mir der Vorsitzende eines der drei größten deutschen Umweltverbände in einem zweiseitigen Brief, dass eine Kooperation mit uns völlig ausgeschlossen sei. Solange ich chemische Insektenbekämpfungsprodukte herstelle, wird sein Verband sich gegen uns stellen. Meine Bitte um ein persönliches Gespräch wird umgehend zurückgewiesen.
Trotz der kleinen Teilnehmerzahl verspreche ich mir viel von diesem Format. Ich will, wenn auch sehr klein, unbedingt mit einer neuen Tradition

starten. Im Foyer zeigen wir die Insect-Respect-Ausstellung und auf dem Dach unser Insektenparadies. Daniel und ich halten Vorträge über unsere Arbeit. Trotz einer diesbezüglichen Bitte hat sich im Vorfeld keiner der Anwesenden für ein Referat bereit erklärt. Tina moderiert anschließend eine lange, kritische Diskussionsrunde. Am Ende können wir alle von der Sinn- und Ernsthaftigkeit unserer Arbeit überzeugen. Zwei Personen signalisieren sogar Kooperationsbereitschaft. Werner Schulze, Vorsitzender der Arbeitsgemeinschaft Westfälischer Entomologen, möchte das Monitoring unserer Bielefelder Fläche übernehmen. Schließlich gebe es für die Region noch keine Studie, welche und wie viele Insekten auf einem zehn Meter hohen Flachdach eines Industriegebietes vorkommen, und Isolde Wrazidlo, Direktorin des Bielefelder Naturkundemuseums, vereinbart einen kurzfristigen Termin mit uns, um gleich mehrere Möglichkeiten der Zusammenarbeit zu besprechen.

Nach zwei Gesprächen im Museum steht das Konzept für die Zusammenarbeit. Die Direktorin, selbst Entomologin, möchte mit unserer immate-

Die Komplizenschaft mit Frank und Patrik Riklin war die QUELLE für alles: für das Finden des Ungesuchten (Serendipität). Die Neuausrichtung des Unternehmens sowie die Entdeckung meiner Leidenschaft. Und die Kunstaktion *Fliegen retten in Deppendorf*.

Mit einem fremden Dorf haben wir eine vordergründig betrachtet völlig verrückte Idee realisiert. Ein modernes soziales Abenteuer. Wir kamen mit Respekt und Ernsthaftigkeit und stießen auf Offenheit, Interesse, Menschlichkeit und Mut. Trotz Kritik von Seiten der Presse, aber auch von Seiten anderer Dörfer ließen sich die Menschen auf das gemeinsame Fliegenretten ein und machten deutlich, dass wir gesellschaftlich unsere Welt nachhaltig besser gestalten können.

Seit dieser Aktion habe ich die Gewissheit: Wenn wir nur wollen und sich jeder Einzelne bewegt, können wir es gemeinsam schaffen, vermeintlich Unmögliches möglich zu machen. Und Lösungen zu finden selbst für die dringlichsten Probleme unserer Zeit.

Am Ende des Tages ist es immer eine Frage der Ansprache und des Aufeinanderzugehens.

riellen Unterstützung Bielefeld zur »Deutschen Hauptstadt der Insekten« aufbauen. Schon für den Herbst ist der Start einer dreijährigen Plakatkampagne geplant. Im gesamten Stadtgebiet machen große Insektenbilder auf den Nutzen der unterschätzten Sechsbeiner aufmerksam. Die Werbetafeln tragen sowohl das Museumslogo als auch unser Gütesiegel. Gleichzeitig wird die Insect-Respect-Ausstellung im Museum gezeigt. Das *Westfalen-Blatt* druckt eine unbefristete Serie ab: »Das Insekt des Monats«, geschrieben von Daniel und einer Museumsmitarbeiterin. Für 2017 ist ein gemeinsamer Stand auf der Bielefelder Wissensmesse Geniale geplant, auf dem unser umgedrehtes Wohnzimmer von der Biofach von mehr als 50 000 Besuchern bestaunt werden soll. Und unser kleiner Runder Tisch soll sich nächstes Jahr zum ersten großen *Tag der Insekten* wandeln. Das Museum will sein gesamtes Netzwerk einladen und uns sein Haus als Tagungsort zur Verfügung stellen.

SEPTEMBER Ich reise zur Biofach America. Mit dabei mein Insektenbuch, übersetzt ins Englische und ergänzt mit Studien über den Insektenrückgang in den USA. Vor Ort besuche ich die Filialen diverser Handelsunternehmen und lerne die Handelsstruktur kennen. Auf der Messe führe ich einige Gespräche und sehe, dass unsere Gedanken auch für den amerikanischen Markt neu und revolutionierend sind. Ich habe große Lust, mit Frank und Patrik ein kleines Dorf zu suchen, um für den Markteintritt eine Fliegenrettungsaktion zu veranstalten. Trotzdem fliege ich resigniert zurück. Bezüglich Nachhaltigkeit scheinen die US-Amerikaner vor allem uns Deutschen, Schweizern und Österreichern einige Jahre hinterher zu sein. Entsprechend muss ich die visionären Pläne für einen kurzfristigen Markteintritt verschieben. Ein kleiner Trost ist die Zusage des Springer Wissenschaftsverlags, mein Buch *Warum jede Fliege zählt* unter dem Titel *Why every fly counts* international zu verlegen.

OKTOBER Wieder steht eine Reise an. Diesmal nach Karlsruhe zur Hauptverwaltung von dm. Tina ist dabei und mein Sohn Georg, der Ferien hat. Direkt nach meinem Vortrag auf der diesjährigen *brand-eins*-Konferenz in

Hamburg hat mich Götz Werner, Inhaber der Drogeriemarktkette, angesprochen. Er möchte Insect Respect bei den hauseigenen Insektenbekämpfungsprodukten dabeihaben und hat deshalb einen Termin koordiniert. Wir sind am Vorabend angekommen und übernachten in einem Hotel im Stadtzentrum. Am nächsten Morgen treffen wir uns zu dritt auf der Terrasse zum Frühstück.

»Was Opa wohl sagen würde, wenn du dm mit Insect Respect belieferst!«, sagt Georg.

»Nicht viel! Für Opa bleibt unser Vorhaben verrückt. Ich verstehe ihn absolut. Schließlich wird es noch viele Jahre dauern, bis wir unsere Investitionen wieder drin haben. Wenn es überhaupt so weit kommt.«

»Aber ein wenig stolz auf seinen Sohn ist er schon ...«, sagt Tina.

»Tatsächlich hat er mir letzte Woche gesagt, dass er Respekt vor meinem Durchhaltewillen hat. Aber Stolz? Er sieht das viele Geld und vor allem die Zeit, die ich in unser Projekt stecke. Fair ist, dass er mich gewähren lässt. Meine Mutter hingegen ist weiterhin ein ganz großer Fan.«

»Und deine Mitarbeitenden?«, fragt Tina.

»Einerseits sind sie stolz auf das Unternehmen. Mit jedem Preis, den wir gewinnen, und mit jedem Medienbericht ein wenig stolzer. Andererseits sehen sie, dass ich mehr als 50 Prozent meiner Zeit in das Projekt stecke und gleichzeitig sage, dass wir frühestens in zehn oder gar erst in 20 Jahren unsere Investition wieder drin haben werden. Entscheidend für die wohlwollende Einstellung meines Teams ist, dass das bestehende Geschäft gut läuft. Das ist glücklicherweise der Fall.«

MIT DM WIRD INSECT RESPECT ZUM BRANCHENSTANDARD

»Aber mit dm würden wir doch Geld verdienen, oder?«, fragt Georg.

»Falls dm mit uns arbeiten würde, was ich nicht glaube, verdienen wir von der ersten Kompensationsleistung an Geld. Dieses Geld ist aber nur ein kleiner Bruchteil von dem, was wir in den letzten fünf Jahren ausgegeben haben. dm wäre aus einem anderen Grund für uns interessant: Sobald

Insect Respect bei dm im Verkaufsregal steht, muss uns jeder ernst nehmen. Konkurrenten und andere Drogeriemarktketten, Discounter und der Lebensmitteleinzelhandel. dm ist Marktführer, jeder schaut hin, was die machen«, sage ich.

»Insect Respect würde zum Standard der Branche«, ergänzt Tina.

»Aber kompensieren könnten ja auch andere Biozidanbieter. Oder die Handelskonzerne selbst. Die Dienstleistung der Begrünung ist nicht so schwer ...«, sagt Georg zu mir.

»Das ist richtig. Die Begrünung selbst ist einfach. Man muss jedoch sehr genau wissen, was welche Insekten wo gerne haben. Die Flächen müssen in Norddeutschland anders als in Süddeutschland geplant werden. Hier haben wir ein besonderes Wissen und einen schönen Vorsprung erarbeitet. Zusätzlich sind wir nach mittlerweile über 300 Medienberichten relativ bekannt. Überlege mal, wie viel Werbung andere erst einmal betreiben müssten«, sage ich.

»Und du hast die Geschichte mit Frank und Patrik«, sagt Tina.

»Ja, alles geht auf die beiden zurück!«, sage ich. »Was würde ich wieder gerne mit denen Fliegen retten!

Da unser Termin naht, komme ich auf dm zu sprechen.

»dm ist der beliebteste und umsatzgrößte Drogeriemarkt in Deutschland. Das Unternehmen betreibt über 1700 Filialen und wächst und wächst.«

»Und sie sind die nachhaltigsten Anbieter in diesem Bereich. Sie tun sehr viel für ihre Mitarbeitenden und die Umwelt«, ergänzt Tina.

»Geht es bei dm um große Mengen?«, fragt Georg.

»Der deutsche Konsument ist gewohnt, seine Insektenmittel im Drogeriemarkt zu kaufen. Über diesen Kanal laufen die größten Umsätze. dm hat hier in den letzten Jahren den besten Job gemacht und verkauft mit Abstand mehr als alle andere.«

»Es geht nur um insektizidfreie Produkte, oder?« fragt Georg.

»Ja. Schon vor langem haben wir festgelegt, dass Insect Respect keine Insektizide unterstützt. Insektizide sind einfach zu schlecht. So töten sie zum Beispiel unspezifisch alle Insekten in der Umgebung und sind darüber hinaus gefährlich für alle Wasserorganismen.«

»Wie schätzt du unsere Chancen ein?« fragt Tina.

»Aufgrund der frustrierenden Erfahrungen der letzten Jahre bin ich total skeptisch. Wir haben ihnen die Insect-Respect-Dokumentation in der aktuellen sechsten Auflage sowie mein Insektenbuch geschickt. Ich kann mir trotzdem nicht vorstellen, dass diese preisgetriebenen Product Manager unser Konzept auch nur ansatzweise verstehen. Es gibt jetzt einen Termin, weil es Herr Werner so will, fertig.«

Die beiden erfahrenden Einkäuferinnen sind äußerst gut vorbereitet. Sie haben sich ausführlich mit Insect Respect beschäftigt und bereits eine klare Strategie. Wir sollen nicht, wie von uns geplant, die Insektenverluste der bestehenden Produkte kompensieren. Nein. Sie wollen eine zusätzliche Linie mit Insect Respect realisieren: dm nature. Die neuen Produkte sollen sich durch den »natürlichen Mehrwert der Kompensation« vom bestehenden Sortiment abheben. Man möchte die aktuellen, erfolgreichen Produktqualitäten für die nature-Linie übernehmen und exakt baugleiche Produkte nebeneinanderstellen: Standard ohne Kompensation und nature mit Insect Respect. Die ersten insektizidfreien und umweltfreundlichen nature-Produkte sollen sein: Kleidermottenfalle, Lebensmittelmottenfalle und Fruchtfliegenfalle. Für die Kompensation möchten sie nächstes Jahr eigene Flächen schaffen und die Produkte Anfang 2018 einführen. Sie informieren uns über ihre geplanten Jahresmengen und erwarten unser Angebot.

Ich sitze im Auto und kann unser Glück kaum fassen.

»Das ist Wahnsinn! Die haben uns zu hundert Prozent verstanden. Und an eine weitere Marke habe ich nie vorher gedacht. Es war klar, dass wir nicht die aktuelle Eigenmarke liefern werden. Ich dachte ja nur an die Kompensation der bestehenden dm-Produkte! Mit einer zweiten Marke werden sie neue Kunden ansprechen können. Zusätzlich werden einige, die heute die bestehende Marke kaufen, auf die neue umsteigen. Die alte wird wohl geschwächt, aber zusammen mit der neuen machen sie mehr Umsatz.«

»Und die nature-Marke verkaufen sie teurer und verdienen mehr Geld daran«, sagt Georg.

»Genau, das ist die ökonomische Motivation.«

»Die nature-Linie schafft die Verschiebung hin zu einem umweltfreund-licheren Angebot und zu mehr Bewusstsein für Insekten«, sagt Tina.

»Und das von uns geförderte Mehrbewusstsein für Insekten drängt die Gesamtnachfrage auf dem Markt zurück. Aber da wir Insect Respect für eine bestimmte Zeit exklusiv an dm geben, wird mehr verkauft werden. Die anderen Drogeriemärkte werden Umsatzeinbußen haben.«

»Die anderen sind aber auch teilweise unsere Kunden«, sagt Georg.

»Ja, aber alle unsere Kunden kennen unsere Geschichte. Und alle halten uns immer noch für verrückt und wollen nicht mit Insect Respect arbeiten. Es wird für uns Einschnitte geben, Kunden werden uns auslisten. Aber hier und jetzt, genau hier in Karlsruhe, bauen wir Zukunft auf!«

»Hans, die beiden Einkäuferinnen wollen Insect Respect erst 2018 und betonten gleich zweimal, dass wir uns mit unserem Angebot Zeit lassen

Die drei Kernelemente der RECKHAUS-Unternehmens-philosophie:

Ökologisieren
Geschäftsfelder aufbauen, die un-sere Lebengrundlagen von Grund auf wertschätzen, stärken und schützen. Alte und neue Produkte, so weit es geht, nur noch aus mög-lichst umweltverträglichen Kompo-nenten herstellen.

Kompensieren
Schäden, die die eigenen Produkte anrichten, klar benennen und aus-gleichen.

Reduzieren
Weniger sinnlose Produkte herstellen und Schluss mit Werbung, die Men-schen zu überflüssigen Käufen ver-führt. Unsere Märkte – vor allem konventionell, aber zunehmend auch bio – sind überschwemmt. Stattdes-sen jede Verpackung nutzen, um Bewusstsein zu schaffen für weniger Konsum.

können. Sie haben davon gesprochen, dass wir uns in zwei bis drei Monaten wiedersehen sollten. Aber du hast Gas gegeben und tatsächlich schon einen Termin in vier Wochen mit den beiden fixiert.«

»Insect Respect ist jetzt ein Thema. Und genau jetzt nutzen wir unsere Chance. Wie müssen dranbleiben! Die Kompensationskosten können wir schnell ausrechnen und umgehend ein Angebot abgeben. Ich möchte aber mehr präsentieren, als die beiden Produktmanagerinnen erwarten. Ich möchte ihnen beim nächsten Termin bereits fixfertige Packungen präsentieren. Zusammen mit Marcus Gossolt können wir das gesamte Layout der neuen dm-nature-Linie entwerfen und Musterfaltschachteln bedrucken lassen.«

»Du meinst, wir übernehmen die Gestaltung der neuen Produkte?«, fragt Tina.

»Das erwarten sie so gar nicht, aber ja: Ich möchte ihnen gleich mehrere Entwürfe präsentieren. Und vor allem: Wir wollen schon nächstes Jahr in den Regalen sein!«

»Das wäre super – aber schaffen wir das?«, fragt Tina mich.

»Vielleicht reicht für die Kompensation unsere freie Bielefelder Fläche aus. Falls ja, kann ich den beiden im nächsten Gespräch anbieten, schon 2017 zu starten.«

———

Daniel und ich analysieren die aktuellen dm-Produkte. Wir berechnen den Insektenverlust pro Packung und multiplizieren diesen mit der geplanten jährlichen Verkaufsmenge. Anschließend ermittelt unser Insektenfachmann die notwendige Anzahl von Quadratmetern für den Ausgleich auf Basis unserer bestehenden Fläche. Das Bielefelder Insektenparadies reicht aus! Wir werden dafür belohnt, dass wir die Fläche bereits 2012 angelegt und nur wenige Dr.-Reckhaus-Fliegenscheiben mit ihr ausgeglichen haben. Über die letzten vier Jahre hat sich das Biotop prächtig entwickelt. Wir können den dm-Jahresbedarf für 2017 mit der Belegung unserer Fläche decken.

Wir möchten die Chance nutzen, die uns die Produktverpackung als Botschafter bietet. Unser Faltschachtellieferant erhält den Auftrag, uns eine

Produktumhüllung vorzustellen, die möglichst viel Text aufnehmen kann. Er liefert eine geniale Idee. Eine doppelseitige, aufklappbare Rückseite lässt zwei zusätzliche Flächen entstehen, auf der wir viele Informationen unterbringen können:

- Das eindrückliche Zitat des US-amerikanischen Insektenforschers Edward Wilson: »Ohne Insekten würden wir Menschen nur wenige Monate überleben.«
- Zehn gute Gründe, Insekten zu respektieren.
- Fakten zum Insektensterben: Bereits über 40 Prozent aller Insektenarten in Deutschland sind in ihrem Bestand gefährdet, einzelne Studien gehen sogar von einem Rückgang von bis 80 Prozent aus.
- Infos zu unserem Gütesiegel Insect Respect und unserer Ausgleichsfläche.
- Tipps, wie Kunden sich präventiv vor Insektenbefall schützen können.

NOVEMBER Vier Wochen nach unserem ersten Termin sind Tina, Daniel und ich in Karlsruhe. Daniel erklärt die Kompensationsrechnung und informiert über die für den Ausgleich des Insektenverlusts notwendige Anzahl von Quadratmetern. Zusätzlich berichtet er über die jüngsten Monitoring-Ergebnisse unserer bestehenden Flächen. Die Praxis bestätigt unser Modell. Es sind viele und auch seltene, in ihrem Bestand gefährdete Arten in unseren Biotopen gefunden worden, darunter bestimmte Laufkäfer und Ameisen. Ich präsentiere zunächst große Tafeln mit Layout-Vorschlägen für die neue dm-nature-Linie. Anschließend packe ich Faltschachteln aus, die von einer Serienproduktion nicht zu unterscheiden sind. Ich erläutere die umfangreichen Texte auf den Faltschachteln. Schließlich unterbreite ich unser Angebot, das sich aus zwei Komponenten zusammensetzt: Kosten für Kompensation plus Lizenzentgelt für Insect Respect.
Die beiden Einkäuferinnen sind beeindruckt. Immer wieder nehmen sie die Schachteln in die Hand und lesen die umfangreichen Texte.

KOMMUNIKATION IST
DAS A UND O

Tina macht darauf aufmerksam, wie notwendig eine aktive Kommunikation seitens dm wäre. Wir dürften nicht vergessen, dass Insect Respect völlig neuartig und damit noch fremd für den Konsumenten klinge. Die beiden Einkäuferinnen haben sich auf diesen Punkt vorbereitet. Im Falle einer Listung würden diverse Anstrengungen unternommen: Geplant seien umfangreiche Informationen auf der dm-eigenen Internetseite, ein ganzseitiger Bericht im Kundenmagazin und ein Gewinnspiel.

Ich nutze die gute Gesprächsstimmung und erzähle, dass wir auch schon 2017 die Auszeichnung der Produkte mit Insect Respect anbieten könnten. Unsere Bielefelder Fläche ist vorhanden und kann die Kompensation leisten. Länger diskutieren wir, ob der Konsument verstehe, dass dm nicht selbst Flächen anlegt. Gemeinsam entwickeln wir einen Weg: Ein möglicher Verkauf im nächsten Jahr könnte offiziell als Test angesehen werden, für den man auf unsere bestehende Fläche zurückgreift. Verläuft der Test positiv, wird dm bereits 2017 in eigene Flächen für die Kompensationsleistung im Jahr 2018 investieren.

DEZEMBER Wir erhalten den dm-Auftrag, unsere Vision wird Realität. Ab Mai 2017 steht Insect Respect in den Verkaufsregalen aller dm-Drogeriemärkte.

STUFE 8
DINGE SICH
ENTWICKELN LASSEN

2017

FEBRUAR Daniel kündigt. Er will eine Stelle in einem Naturkundemuseum annehmen. Ich bin nicht überrascht. Schon vor zwei Jahren hatte er mit einer Weiterbildung in Museumspädagogik begonnen. Und schon letztes Jahr hatte ich bei einem Museum ein gutes Wort für ihn eingelegt, die Stelle hat er dann aber nicht bekommen. Ich rufe Tina an:

»Wir haben bald keinen Biologen mehr.«

»Dann müssen wir sofort einen neuen suchen.«

»Aber brauchen wir unbedingt einen Biologen?«

»Natürlich!«

Tina zählt auf: für die Forschung und Weiterentwicklung unseres Kompensationsmodells, für die Gestaltung insektenfreundlicher Lebensräume, für Publikationen, Veranstaltungen und zahlreiche Anfragen in jede Richtung.

Ich komme ins Grübeln. Rechnet sich das? Was bringen die Dinge ein, um die sich Daniel gekümmert hat? Klar, am Anfang brauchten wir ihn. Einerseits um zu verstehen, worum es geht. Andererseits für mehr Glaubwürdigkeit. Ich entscheide, erst einmal auf einen Wissenschaftler im Team zu verzichten. Und fange selbst an, mich tiefer in die Materie einzulesen: Welche Pflanzen sind für welche Insekten interessant, welche Typen von Böden gibt es, wie wichtig ist Sonne für unsere Flächen? Zu viel. Schnell merke ich, dass ich keine Chance habe. Nicht nur mein Alltagsgeschäft muss laufen, unterdessen kommen immer wieder Anfragen nach insektenfreundlichen

Lebensräumen rein. Ich nutze unser Netzwerk, spreche mit Entomologen sowie Landschafts- und Dachgärtnern. Sie sind bereit, mich zu unterstützen. Controlling und die Pflege unserer eigenen Flächen sind organisiert, Anfragen kann ich direkt weiterleiten. So kann es erst einmal weitergehen.

Ende des Monats geht es zum zweiten Mal auf die Biofach. Diesmal haben wir einen Frühstückstisch aufgebaut, so riesig, wie ihn eine Fliege durch ihre Facettenaugen sieht. Wie Winzlinge sehen die Besucher aus, wie sie da auf den überdimensionierten Stühlen sitzen und sich ablichten lassen. Mit dabei: unsere Fliegenscheibe und drei weitere Dr.-Reckhaus-Fallen, die wir in den vergangenen Monaten erarbeitet haben: eine Lebensmittelmotten- und eine Kleidermotten- sowie eine Fruchtfliegenfalle. Jedem Produkt liegt ein Buch mit 40 Seiten bei. Es geht um den Wert der Insekten, was sie leisten und warum sie bedroht sind. Zudem Informationen zu fünf Insekten, die uns gerne zu Hause besuchen. Sowie Tipps, wie man sich präventiv schützen kann.

Auch dieses Mal hinterlassen uns Besucher Zettel mit ihren Botschaften:

> *Insektizide meiden! Wir sollten einen anderen Weg finden, zusammenzu-*
> *leben.*
> *Man glaubt immer, Motten, Mücken und Fliegen sind zu nichts nutze. Sie*
> *haben aber durchaus einen Wert und es ist wichtig, dass man sich um sie*
> *kümmert.*
> *Ich bin positiv überrascht, dass es auf der Biofach ein paar Betriebe gibt, die*
> *tatsächlich über Nachhaltigkeit nachdenken und umdenken.*

MÄRZ Ende des Monats veranstalten wir zusammen mit dem Bielefelder Naturkundemuseum unseren ersten *Tag der Insekten*. Die Bestuhlung ist locker. Erst gibt es Vorträge, auch ich halte eine kurze Rede, dann eine Podiumsdiskussion. Fazit des Publikums: Endlich treffen sich Menschen aus unterschiedlichen Disziplinen und schauen über ihren jeweiligen Tellerrand.

Am Nachmittag fahre ich noch weiter nach Berlin. Ich gewinne den Wettbewerb »Mein gutes Beispiel«. Die Auszeichnung wird seit 2011 jedes Jahr von der Bertelsmann Stiftung an kleine, mittelständische und familiengeführte Unternehmen verliehen. Mein Preis: ein Tag für mein Thema, Format frei wählbar. Ich entscheide mich dafür, Ende des Jahres in Bielefeld eine Konferenz über den Wert und die Bedrohung von Insekten abzuhalten.

Mitarbeitende mitzunehmen, ist nicht trivial. Ängste spielen eine zentrale Rolle: Wird das Unternehmen den Turnaround schaffen, wie sicher ist der eigene Arbeitsplatz? Aber auch Zweifel: Jahrelang hieß es doch, die Produkte, die wir herstellen, sind gut und wichtig – wie soll man nun zu seiner Arbeit stehen, wie sich weiterhin Tag für Tag motivieren? Und Misstrauen: Wer sind die neuen Leute, die der Chef ins Unternehmen holt und die plötzlich mitreden wollen?[1]
Anfangs blickte ich nur in fragende Gesichter. Ich vermute, der Großteil meiner Mitarbeitenden war der Überzeugung, dass ich verrückt geworden bin und sie sich am besten schnellstmöglich einen neuen Arbeitgeber suchen sollten.
Heute würde ich sagen, sind meine Mitarbeitenden zuversichtlich und skeptisch zugleich. Und mitunter auch mal stolz, wenn es einen Preis gibt oder einen positiven Medienbericht.

Letztlich ist es ein Balanceakt, das konventionelle und das visionäre Geschäft zu SYNCHRONISIEREN. Man muss Gas geben, um überhaupt vom Fleck zu kommen. Nicht zu viel, damit man das große Feld nicht zu weit hinter sich lässt. Aber auch nicht zu wenig, damit man für sich selbst, aber auch für Unterstützer und Kritiker glaubwürdig bleibt. Und doch darf diese Phase, in der auf mehreren Gleisen gleichzeitig gefahren wird, nur eine Übergangsphase sein. Der finale Bruch mit dem Alten muss besser früher als später irreversibel folgen. Neu zu denken und neu zu handeln bedeutet, alte Denkmuster aufzubrechen und alte Denkpfade zu verlassen – im besten Falle sich schöpferisch zu zerstören, um wirklich eine neue Ordnung hervorzubringen und ein neues Verständnis zu generieren.

1 In meinem Fall waren das im Laufe der vergangenen neun Jahre unter anderem zwei Konzeptkünstler, zwei Biologen, mehrere Werber, eine Kommunikationsfachfrau, zwei Landschaftsgärtner, eine Nachhaltigkeitsexpertin und eine ehemalige Hoteldirektorin.

Ich schreibe Klaus Töpfer, ob er kommen möchte. Er hat mich nicht vergessen und sagt zu.

JULI Ich kann es kaum glauben. Nicht nur der Bundesfachausschuss Entomologie des Naturschutzbundes Deutschland (NABU) meldet sich bei mir, sie wollen wissen, ob ich am Vorabend ihrer diesjährigen Fachtagung den einzigen Vortrag halten würde. Titel: »Unser Umgang mit Insekten – ein Umdenken ist nötig«. Ich sage zu – wohlahnend, dass es auf der anschließenden Podiumsdiskussion mit ausgewiesenen Fachexperten vor allem um unser Engagement gehen wird.

Auch die Nachhaltigkeitsabteilung von Aldi Süd klingelt durch. Für den großen Discounter liefern wir seit vielen Jahren einen Großteil seiner Insektenbekämpfungsprodukte, die er unter seinem Namen verkauft. Aldi ist ein äußerst fairer, wenn auch harter Partner. Insect Respect erwähne ich praktisch nie, nur wenn es einen neuen Ansprechpartner gibt und wir das Unternehmen generell vorstellen. Und natürlich habe ich dem Aldi-Einkauf die neuen dm-Produkte gesandt. Zur Ansicht. Meine klare Vorstellung ist jedoch, dass wir erst einmal sehen müssen, wie Insect Respect anlaufen wird: Versteht der Konsument überhaupt, was wir wollen? Und wenn ja, ist er auch bereit, für das Produkt mehr Geld auszugeben – dafür, dass wir »Schädlinge« fördern, die ihn zu Hause so stören? Oder stellt er das Produkt gleich wieder zurück ins Regal, weil er ein richtig schlechtes Gewissen bekommt?

 ## HIER MEIN PRODUKT, KAUFT ES NICHT!

Auf den Packungen ist nicht nur unser Gütesiegel drauf. Sondern auch ein Text, der aufklärt, und in fetten Buchstaben unsere Botschaft: »Ziel ist, dass in Zukunft weniger Insekten bekämpft werden.« Dass dieser Satz auf den Produkten steht, war meine Bedingung: Denn es geht nicht darum, Insektenbekämpfungsprodukte grün anzustreichen und mehr davon zu verkaufen. Es geht darum, Kunden zu motivieren, weniger Insektenbekämpfungs-

produkte zu kaufen – und wenn überhaupt, dann insektizidfreie und mit
ökologischer Kompensation.

dm hat sich darauf eingelassen. Aber bei Aldi oder einem anderen Handelsunternehmen sehe ich diese einfache, aber nicht auf den ersten Blick ein-
leuchtende Botschaft eben nicht: »Hier mein Produkt, das euch bei euren
Problemen helfen kann, aber kauft es nicht!« Wir müssen erst sehen, wie es
bei dm läuft. Wir brauchen Erfahrung. Das Ganze ist zu fragil, um es ernsthaft meinem größten Kunden vorzustellen.

Den Herrn am anderen Ende der Leitung kenne ich nicht, normalerweise
spreche ich ja nur mit dem Einkauf. Er stellt erstaunlich kritische Fragen
zu Insect Respect und fordert Informationen an. Mehrere Mails gehen hin
und her. Immer noch eine Nachfrage zu diesem und jenem Thema. Nur
gut, dass unser Auditbericht von PWC schon vorliegt. Jährlich lassen wir
von der Wirtschaftsprüfungsgesellschaft unsere Kompensation kontrollieren: Geht die Rechnung auf? Haben wir für die verkauften Produkte wirklich genügend insektenfreundliche Flächen?

Ein paar Tage später ruft ein anderer Mitarbeiter aus der Nachhaltigkeitsabteilung an. Auch er kennt sich gut aus. Beim dritten Mal ist der Einkauf
dran mit einer konkreten Preisanfrage. Ich bin sprachlos. Ernsthaft? Aldi
Süd denkt über Insect Respect nach! Die Preise sind schnell erklärt:

- normaler Angebotspreis,
- plus Kosten für Kompensation, alles transparent, leicht nachzuvollziehen,
- plus Lizenzentgelt, für alle Kunden gleich.

Drei Wochen höre ich nichts. Dann der Anruf:
»Herr Reckhaus, bitte entschuldigen Sie, dass wir uns erst jetzt melden, aber
in diesem speziellen Fall musste die Geschäftsleitung zustimmen. Wir werden das Gütesiegel für drei Produkte einsetzen ...«
Ich lege auf und denke: Wahnsinn! Aldi Süd hat mit die größten Stückzah-
len an Motten- und Fruchtfliegenfallen überhaupt in Deutschland. Und jetzt
sollen sie ausgestattet werden mit Insect Respect.

OKTOBER »Um 75 Prozent sind die Insekten in 25 Jahren zurückgegangen«, titeln in Deutschland zahlreiche Medien. Die sogenannte Krefelder Studie zeigt eine Reduzierung von Fluginsekten von 1989 bis 2015 um mehr als 75 Prozent. Das Insektensterben ist in der Öffentlichkeit an-

Wenn man über **TRANSPARENZ** sprechen möchte, heißt es sofort: Wir sind doch transparent! Denkt an all die Informationen und Kennzeichnungen, die Unternehmen inzwischen auf ihre Produkte drucken müssen, weil der Gesetzgeber es so verlangt.

Für mich bedeutet transparent zu sein in allererster Linie, meine Kunden aufzuklären. Aus freien Stücken und umfassend. Weil ich als Unternehmer besser als jeder andere weiß, welchen Schaden meine Produkte anrichten. Ob sie wirklich nötig sind oder einfach nur Luxus.

Ein Beispiel ist Mineralwasser. Es ist zwar legitim, Wasser aus einer Quelle in Glasflaschen abzufüllen, hübsche Etiketten draufzukleben und für teures Geld zu verkaufen. Und natürlich darf der Kunde sich auch verwöhnen. Doch damit er eine bewusste Entscheidung treffen kann, ob und wie oft er zu dem Produkt greifen möchte, braucht er Informationen, die über die übliche Deklaration mit Quellname, Zusammensetzung, Mindesthaltbarkeitsdatum hinausgehen.

Hersteller wissen, was die Förderung von Mineralwasser für Umwelt und Menschen vor Ort bedeutet,[1] wie viel Energie Abfüllung und Transport verbrauchen, wie stark Herstellung und Reinigung der Flaschen ökologisch zu Buche schlagen und dass Wasser aus dem Hahn aus gesundheitlicher Sicht in der Regel mindestens genauso gut ist.[2]

Insofern: Müsste auf der Vorderseite von Mineralwasserflaschen nicht geschrieben stehen: »**Trinken Sie achtsam!** Produkt schadet der Umwelt und kostet Geld und Zeit.«? Verpflichtende Transparenz ist rückständig und von gestern. Aktive Transparenz zeitgemäß und die Zukunft. (➜ S. 158 f.)

---

1 Der Lebensmittelkonzern Nestlé pumpt jedes Jahr in dem französischen Ort Vittel eine Milliarde Liter Wasser ab. Mittlerweile ist der Grundwasserspiegel so weit gesunken, dass die Bevölkerung vor Ort Probleme hat, sich selbst zu versorgen.

2 Mineralwasser darf mehr Schadstoffe enthalten als Leitungswasser, da die Vorgaben der Mineral- und Tafelwasserverordnung weniger streng sind als die Trinkwasserverordnung. Hinzu kommt bei Plastikflaschen die Belastung mit hormonell wirksamen Chemikalien.

gekommen. Sechs Jahre, nachdem Frank und Patrik mich zum Fliegenretten aufgefordert haben. Wie weit waren die beiden intuitiv der Zeit voraus?

NOVEMBER Es ist der Tag meiner Konferenz in Bielefeld. 130 Insektenexperten und Insekteninteressierte aus dem gesamten Bundesgebiet sind der Einladung gefolgt, die Bertelsmann Stiftung übernimmt die Kosten. Mit dabei: Klaus Töpfer, Ikone der deutschen Umweltpolitik und ehemaliger Exekutivdirektor des Umweltprogramms der Vereinten Nationen. Für Insect Respect ist er extra angereist. In seiner Rede spricht er vom »Verstummen der Natur« und fordert »Flurbereicherung statt Flurbereinigung«. Zudem lobt er mein gesellschaftliches Engagement als »vorbildlich« und »außerordentlich«.

»VON EHRUNGEN ALLEIN KANNST DU NICHT LEBEN«

Im Publikum sitzen meine Eltern, angesichts der vorhandenen politischen und wirtschaftlichen Prominenz ließen sie es sich nicht nehmen, auch zu kommen. Noch immer spricht mein Vater nicht mit mir über Insect Respect. Sicherlich haben ihn die Listungen bei dm und Aldi überrascht. Und natürlich beeindrucken ihn die Auszeichnungen, die wir bis heute bekommen haben. Aber, die grundlegende Ablehnung gegenüber dem »nachhaltigen« Kurswechsel der Firma bleibt bestehen. Ich verstehe seine Bedenken. Die Geschäftszahlen gehen kontinuierlich zurück. »Wie lange kannst du das durchhalten, Sohn?«, sind sicherlich seine Gedanken. »Von Ehrungen kann man seine Lieferantenrechnungen nicht bezahlen!«
Als Klaus Töpfer nach seiner Rede direkt auf meine Eltern zusteuert und ihnen zu ihrem »großartigen Sohn« gratuliert, erlebe ich meinen Vater zum ersten Mal in meinem Leben wirklich sprachlos. Erst später sollte ich realisieren, dass das der Moment war, an dem seine Meinung über Insect Respect ins Positive kippte.

DEZEMBER Ann Walter von der Vogelschutzorganisation Birdlife Schweiz lässt nicht locker. Sie möchte mich unbedingt sprechen. Sie hat auch in den 1980ern in St. Gallen studiert, aber ich kenne sie nicht. Sie will wissen, wer hinter der Aktion *Fliegen retten in Deppendorf* und Insect Respect steckt. Ich sage ab. Keine Zeit. Doch sie lässt nicht locker. Wenigstens eine gemeinsame Veranstaltung. »Die Insekten sind die Basis von allem«, schreibt sie mir. »Ohne sie gibt es auch keine Vögel. In der Natur hängt alles zusammen.«

Es ist ihre Idee, einen *Tag der Insekten* in der Schweiz zu organisieren. Ganz wohl ist mir nicht. Meine Erfahrungen mit den Schweizer Naturschutzorganisationen sind bislang nicht so gut. Doch letztlich lasse ich mich überreden. Ann Walter hat einfach recht, wenn sie sagt:

»Wir haben nicht mehr die Zeit, dass jeder sich sein Leben in einem eigenen, kleinen Winkel zurechtschustert. Wir müssen aufeinander zugehen, Grenzen überwinden, den Mut aufbringen, über einen gewohnten Horizont hinwegzublicken und einen Schritt weiterzugehen.«

OHNE INSEKTEN IST CHEESEBURGER NUR BROT

Ich sage zu und die Dinge laufen besser als erwartet. Wir bekommen Zuspruch von vielen Seiten. Auch Anns Kollege Werner Müller, Geschäftsführer von Birdlife, möchte dabei sein. Genauso Hans Romang vom Bundesamt für Umwelt (BAFU) und Fabienne Thomas vom Schweizer Bauernverband. Ich schreibe Hans Herren, ob er kommen könnte. Kurzer Zeit später sagt er zu. Glücksmoment: Alternativer Nobelpreisträger unterstützt mich! Noch weiß ich nicht, dass ich elf Monate später in Aarau mit einem überdimensionierten Cheeseburger aus Styropor auf der Bühne stehen und vor den Augen der 220 Besucher erst die Gurkenscheibe rausziehe werde, dann noch die rote Tomate, die Zwiebeln, den Käse und das Fleisch. Damit jeder versteht:

Ohne Insekten bestünde ein Cheeseburger einfach nur aus zwei Scheiben Brot.

STUFE 9
KEINE ANGST VOR NACHAHMERN HABEN

2018

JANUAR Ein starker Konkurrent von mir, international erfolgreich, zeigt Interesse an Insect Respect. Ich kenne den Geschäftsführer seit Jahren. Vor ein paar Wochen war er bei einem Vortrag von mir in Berlin. Ich war ziemlich überrascht, ihn dort zu sehen. Er sei nur wegen mir angereist und wolle einmal live hören, was sich hinter Insect Respect versteckt. Nun sitzt er mit seinem Verkaufsleiter in meinem Büro in Bielefeld. Ich habe keine Erwartungen. Denke nicht darüber nach, ob er ehrliches Interesse hat. Ich erzähle ihm vieles, aber nur so viel, wie man auch im Internet oder in Publikationen von uns lesen kann. Gleichzeitig präsentiere ich ihm, wie einfach die Zusammenarbeit wäre und wie kurzfristig wir starten könnten. Ich merke, dass er die Zusammenhänge nicht versteht. Er kann nicht folgen. Sein Verkaufsleiter hält sich vornehm zurück.

»DANN VERKAUFEN WIR JA WENIGER«

»Herr Reckhaus, dann verkauft man ja weniger«, sagt er mir sicherlich dreimal im Gespräch und kann es nicht fassen.
Ich behalte meine Gedanken für mich und spüre seine innere Zerrissenheit. Er ist interessiert und gleichzeitig möchte er sofort wieder weg.
Zwei Wochen später ruft er mich an:

»Herr Reckhaus, ich verstehe nicht, was eine Zusammenarbeit für uns bringen kann.«

FEBRUAR Zum dritten Mal stehen wir auf der Biofach. Wieder hat die Agentur *Alltag* den Auftrag erhalten, für uns einen einzigartigen Stand zu entwickeln. Ich freue mich auf die Eröffnung. Die Präsentation vor ein paar Wochen hat mich sofort überzeugt.

»UM DEINE PRODUKTE GEHT ES NICHT«

»Wir präsentieren ein weißes Wohnzimmer mit weißen Möbeln, weißer Obstschale und weißem Obst«, erklärte mir Marcus, der Agenturinhaber. »Und überall liegen grüne Fliegen herum, insgesamt 3000 Stück, die wir mit einem 3-D-Drucker herstellen. Auf dem Sofa können die Besucher Platz nehmen und sich mit den Fliegen fotografieren lassen. Die große Überschrift lautet: ›Für Insekten Sorge tragen‹.« Nach ein paar Sekunden Pause dann der Nachsatz: »Deine Dr.-Reckhaus-Produkte erhalten eine Fläche von circa 50 Zentimetern. Um zu zeigen: Darum geht es nicht.«
Ich muss schmunzeln, natürlich, darum geht es nicht, und sage:
»Gefällt mir! Gekauft! Doch lasst uns die Fliegen mit einer Anstecknadel versehen. Damit wird sie wie die bekannte AIDS-Schleife zum Symbol, zum Bekenntnis für mehr Respekt. Jeder Besucher erhält eine Fliege.«
Marcus ist begeistert: »Damit wird die Messe zur Vernissage dieses Zeichens. Später verkaufen wir den grünen Anstecker im Onlineshop, verbunden mit einem Euro, der dann direkt in die Insect-Respect-Flächen geht …«
Zu Messebeginn ist unser Stand vollständig verhangen. Frech warten wir erst einmal eine Stunde, um unseren Stand dann um 11 Uhr feierlich zu enthüllen. Zu viert führen wir in den folgenden Tagen über tausend Gespräche. Mittendrin stellt mir unser *recozit*-Vertreter Werner Hartmann einen jungen Doktoranden vor. Er hätte soeben seine Doktorarbeit über insektenfreundliche Lebensräume abgegeben und suche einen Job. Peter Lehmann möchte eigentlich schon wieder gehen. Aber ich halte ihn fest,

felsenfest. Ich weiß, dass es bereits eine Doktorarbeit über Insektenparadiese auf Dächern gibt, aber in der Ebene? Lehmann bestätigt mir, dass er die einzige Arbeit zu diesem Thema geschrieben hat. Vier Jahre hätte er geforscht und zahlreiche Flächen angelegt. Mir ist klar, dass wir diesen jungen Mann unbedingt brauchen. Ich rede mit ihm, eine knappe Stunde, lasse ihn nicht gehen. Schließlich bitte ich ihn, gleich nächste Woche zu uns in die Firma zu kommen, damit wir einen Vertrag unterschreiben können. Eine Woche später hat es geklappt. Lehmann wird unser neuer Chefbiologe. Für ihn ein Sprung mitten hinein ins kalte Wasser, es geht gleich zur Sache.

MÄRZ Erster Termin: Besuch bei Rossmann in Burgwedel, zusammen mit Tina. Unser Doktor ist sichtlich aufgeregt. Als fundamental überzeugter Naturliebhaber kauft Lehmann nur in Biogeschäften oder auf dem Markt ein. Einen Drogeriemarkt hat er noch nie von innen gesehen, erst recht keinen Konzern. Trotzdem sieht er das Potenzial, das in einer Zusammenarbeit zwischen Insect Respect und Rossmann steckt.
Schon seit Jahren stellen wir für den Drogeriemarktbetreiber Insektenbekämpfungsprodukte her, die er unter seinem eigenen Namen verkauft. Man kennt sich. Und doch habe ich auch hier nicht Insect Respect aktiv vorgestellt – aus Furcht, nicht ernst genommen zu werden und das bestehende Geschäft zu gefährden.
Es waren Mitarbeitende von Rossmann, die uns kontaktiert haben und um ein Gespräch baten. Natürlich verfolgen sie ihren stärksten Konkurrenten dm praktisch täglich und wollen nun wissen, ob Insect Respect auch für sie interessant sein könnte. Mir gegenüber sitzt genau der Chefeinkäufer, der mir 2011 vorhielt, dass meine Fliegenrettungsaktion einfach absurd sei und ich niemals sagen dürfe, dass ich mit Rossmann zusammenarbeite. Wieder habe ich keine Erwartungen.
»Die werden schnell abwinken, wenn ich sage, was die Kompensation und das Lizenzentgelt kosten«, sind meine Gedanken.
Trotzdem sind wir wie immer vorbereitet: Verpackungen mit Insect-Respect-Gütesiegel in Rossmann-Aufmachung, konkrete Angebote und vor allem eine Präsentation unserer Kompetenz in puncto Biologie und Nachhaltig-

keit. Rossmann braucht nur wenige Tage, auch hier Rücksprache mit der Geschäftsleitung, dann grünes Licht: Ab Frühjahr 2019 sollen bei ihnen in den Märkten vier Produkte mit Insect-Respect-Siegel in den Regalen stehen.

UMSATZ, Rendite und Liquidität sind Kennzahlen, mit denen wir heutzutage den Erfolg eines Unternehmens messen. Bei mir sind sie in den vergangenen Jahren kontinuierlich zurückgegangen (→ S. 176).
Gut, weil vor allem das Geschäft mit den Insektiziden kleiner wird. Nicht gut, weil die neuen Geschäftsfelder Dr. Reckhaus und Insect Respect unsere Verluste noch lange nicht ausgleichen.
Natürlich bin ich mit dem fehlenden ökonomischen Erfolg nicht zufrieden. Doch Frank und Patrik Riklin haben mich zu einem großen Teil befreit von dieser Gelddominanz. Sinn kommt vor Kommerz und nicht der Kunde ist König, sondern der Inhalt. Und von Yvon Chouinard, Gründer der Textilmarke Patagonia, habe ich meine innere Zuversicht. Wenn Menschen meine Produkte kaufen, dann ist das okay. Wenn Menschen meine Produkte nicht kaufen, dann ist das auch okay. Aber meine Produkte verbessern die Welt. Das ist der Antrieb. Chouinard fasst zusammen: »We are in business to save our home planet.«
Insofern: Haltung bewahren, sich selbst und seinen Werten treu bleiben, am gesellschaftlichen Bewusstsein arbeiten – das ist die Basis unseres Unternehmens. Und wie erfolgreich wir sind, messen wir nicht mehr an Umsatz, Rendite und Liquidität, sondern an Werten, die uns zeigen, wie gut es uns gelingt, diese Basis zu stabilisieren und auszubauen.

Inzwischen
- warnen 100 Prozent unserer Tötungsprodukte auf der Vorderseite deutlich vor dem Kauf (→ S. 159);
- statten wir mehr als zwei Millionen Packungen pro Jahr mit dem Siegel Insect Respect sowie umfassenden Informationen und Präventionstipps aus;
- ist unser *Tag der Insekten* die größte regelmäßige Konferenz über Insekten im deutschsprachigen Raum;
- haben wir mehr als zehn eigene Publikationen über den Wert und die Bedrohung von Insekten veröffentlicht und mehr als 30 nationale und internationale Auszeichnungen erhalten.

Darunter Fallen gegen Lebensmittelmotten und Trauermücken, die gerne in der Blumenerde von Zimmerpflanzen nisten.

APRIL Einer der großen Lebensmitteleinzelhändler kommt auf uns zu: Wie wäre es, wenn seine Lebensmittel das Insect-Respect-Gütesiegel tragen würden? Daran hatten wir nicht gedacht. Besser gesagt: Wir hatten nur Insektenbekämpfungsprodukte im Blick. Das erste Projekt wären Äpfel. »Bitte schauen Sie sich doch einmal an, wie insektenfreundlich die Arbeit unserer deutschen Apfelbauern ist«, so der zuständige Projektleiter. »Anschließend könnten wir dann etwas für die Insekten leisten und die Äpfel als besonders insektenfreundlich ausloben. Das schätzen unsere Kunden.«

Lehmann ist in seinem Element. Zwei Wochen setzt er sich mit den Anbaumethoden von Äpfeln am Bodensee auseinander und findet jede Menge Probleme. Zusammen mit Tina treffen wir uns in meinem Büro, kaum hingesetzt, legt er los:

»Weil das Obst nur kurze Zeit blüht, werden die notwendigen Honigbienen mit Industriezucker durchgefüttert«, erklärt Lehmann. »Und das löst dann eine ganze Kettenreaktion aus: Durch die einseitige Bienenförderung kommt es zu akuter Artenarmut. Diese führt wiederum zu wenig Ertrag und weniger Widerstandskraft der vorhandenen Pflanzen. Insektizide und Herbizide werden eingesetzt, die die Böden verseuchen ...«

0,05 EURO MEHR PRO KILOGRAMM APFEL

Lehmann rechnet vor: Zusätzlich zu einer Grundinvestition in die Anlage von lang anhaltendem und breitem Blühangebot, Strukturen wie Totholzhaufen, Sandschüttungen und Natursteinhafen kommen:

- regelmäßige Arbeiten wie Mähen statt Mulchen in Randbereichen für maximal acht Cent pro Quadratmeter, bedeutet circa 1,6 Cent pro Kilogramm Apfel;
- Umstieg von Insektiziden auf biologische Schädlingsbekämpfung für 1,5 Cent pro Kilogramm Apfel inklusive Kompensation durch Insect Respect;
- Begleitung, Optimierung und Kommunikation für zwei Cent pro Kilogramm Apfel.

»Macht insgesamt 0,05 Euro mehr pro Kilogramm Apfel und echte Insektenfreundlichkeit.«

Zusammen mit Tina diskutieren wir weitere Möglichkeiten für Insektenrespekt, um dem Konzern möglichst viele Optionen bieten zu können. Wir erarbeiten eine vierstündige Präsentation, in der wir weit ausholen. Wir wollen über die Möglichkeit sprechen, Feldfrüchte insektenfreundlicher anzubauen. Außerdem über extensive Mahd, die Integration von Ackerwildkräutern sowie die Bedeutung von Wiesen-Ökosystemen als CO_2-Senke. Für das gesamte deutsche Filialnetz soll gezeigt werden, wie sich Verkaufsstellen mithilfe insektenfreundlicher Flächen zu Insekten-Hotspots verwandeln können, Kostenpunkt: einmalig 15 000 Euro für 3000 Quadratmeter plus 2500 Euro laufende Kosten pro Jahr. Schließlich haben wir mit unserer Agentur einen Insekten-Sammelband mit Klebebildchen entwickelt. Die Hauptdarstellerin ist ein kleines Mädchen namens FLY. Sie besucht auf ihrer Reise verschiedene Lebensräume von Insekten und erzählt ihren Lesern, warum Insekten mehr Respekt von uns Menschen verdienen. Mein Einkauf hat extra bei dem bekannten italienischen Stickerproduzenten Panini angefragt, sodass wir auch hier konkrete Preise nennen können: 250 000 Alben für 0,32 Euro das Stück und 7 500 000 Stickertüten für 0,042 Euro. Den Sammelband wollen wir gedruckt mit zum Termin bringen.

 HEIMISCHER SUBSTRATBODEN STATT INSEKTENSPRAY

»Herr Reckhaus, was machen wir, wenn der Einzelhändler uns den Auftrag zur Filialbegrünung gibt?«, fragt Lehmann mich. »Wir kennen doch kaum Gärtner in Deutschland, die vor Ort die Flächen anlegen können.«
»Dann kaufen wir eben den ersten Bagger unserer Firmengeschichte. Dazu einen Hänger und einen schönen LKW. Wir stellen ein Team zusammen und machen eine Deutschlandtournee.«
Kurz schweife ich gedanklich ab und stelle mir vor, wie in einer unserer Hallen nicht mehr Insektensprays lagern. Sondern heimischer Substratboden, regionale Pflanzen, Totholz und Steine.
Der Konzern ist beeindruckt, innerhalb von drei Monaten folgen zwei weitere Gespräche. Dann ist Funkstille. Ich weiß genau, dass wir hier permanent dranbleiben müssten. Die Manager haben so viel auf dem Tisch, sie entscheiden sich für den, der am stärksten präsent ist. Doch ich habe alle Hände voll zu tun mit dem konventionellen Geschäft, zusätzlich Medientermine, Vorträge, Publikationen … Der Konzern meldet sich nicht mehr. Vier Monate später sehen wir, dass er zu einem schönen Teil unsere Gedanken mit einer Naturschutzorganisation umgesetzt hat. Wieder einmal wird mir klar: Unser Vorsprung ist groß, aber wir brauchen einen Entrepreneur für den Marktaufbau.

MAI Ich besuche Michael Ohl im Naturkundemuseum Berlin. Der bekannte Wespenforscher war letztes Jahr auf unserem Tag der Insekten und hat mich zu sich eingeladen. In Vorbereitung auf den Termin habe ich Tina gefragt, ob wir es wirklich wagen sollen: das bedeutende Naturkundemuseum mit seinen 400 Mitarbeitern als Kooperationspartner zu gewinnen und unsere Konferenz von Bielefeld nach Berlin zu verlegen.

Tina will das unbedingt: bessere Erreichbarkeit, näher dran an der Politik. Ich bin hingegen skeptisch und will das Museum erst einmal auf mich wirken lassen. Michael Ohl empfängt mich in seinem Büro und ich bin begeistert. Mindestens 1000 Bücher über Insekten. Wie schwer habe ich mich getan, an Literatur für mein kleines Buch *Warum jede Fliege zählt* heranzukommen? Und hier? Ein Paradies, ein echtes entomologisches Büro. Der Wespenforscher ist äußerst bescheiden und bodenständig. Er gibt mir das Gefühl, dass wir auf Augenhöhe miteinander über Insekten und Nachhaltigkeit reden. Anschließend führt er mich über eine Stunde lang hinter die Kulissen des Museums, Gänge und Räume vollgestopft.

»Deutschland ist ein Land der Jäger und Sammler«, erzählt Ohl. »Aus den Kolonien brachten die Menschen ganze Tiere, Geweihe, Felle, Steine und Pflanzen mit. Das Naturkundemuseum Berlin war *der* Ort, wo alles abgegeben wurde. Zum Beispiel eine der weltweit renommiertesten Sammlungen von südamerikanischen Bienen. Wir haben regelmäßig Bienenforscher aus Südamerika hier.«

Ich beneide ihn ein wenig um seinen privilegierten Arbeitsplatz. Und weil alles so großartig und sympathisch ist, frage ich ihn, ob wir den nächsten *Tag der Insekten* nicht zusammen veranstalten wollen. Ohl nickt, es sind auch seine Gedanken. Er könne das jedoch nicht entscheiden, er würde in Kürze einen Termin mit dem Direktor Johannes Vogel und uns beiden vereinbaren. Nach zwei Treffen steht fest: Der *Tag der Insekten* 2019 findet in Berlin statt.

JUNI Schon mit Daniel hatte ich geplant, unsere mittlerweile durch den Kauf des Nachbargrundstückes auf rund 10 000 Quadratmeter angewachsene Firmenfläche in ein Insektenparadies zu verwandeln. Überall sollten insektenfreundliche Lebensräume entstehen, jede anders, damit möglichst viele Arten bei uns ein neues Zuhause fänden. Daniel verzweifelte aber an den Bielefelder Landschaftsgärtnern. Sie dachten immer nur an »Schönheit« – Pflanzen mit großen, gefüllten Blüten, für Insekten oft unbrauchbar – und maximalen Pflegeaufwand: Rasenflächen, die gemäht, vertikutiert und gedüngt, Hecken, die geschnitten werden müssen. Und wenn

sie tatsächlich mal an Insekten dachten, ging es nur um Blühstreifen
für Bienen.

Mit Lehmann kommt Schwung in das Vorhaben. Er hat genauere Vorstel-
lungen von Insektenfreundlichkeit. Ehrgeizig macht er sich auf die Suche
und kann tatsächlich mit seiner empathischen Art Gärtner zum Weiterdenken motivieren. Doch bevor es richtig losgeht, kommt er verzweifelt zu
mir ins Büro – in den Händen einen großen, quadratmetergenauen Plan.
Ich sehe sofort, was ihn stört, und muss nicht lange überlegen:
»Die Parkplätze direkt vor der Verwaltung sowie die zehn Plätze vor
Halle 2 reißen wir auf. Und die vielen Steine vor unserem zweiten Büro-
gebäude sowie dem Eingang kommen auch weg, einfach weg. Ich möchte
nur noch Insektenräume sehen.«

NAHRUNG IST NUR DIE TANKSTELLE

Begeistert macht sich Lehmann an die Arbeit. Doch gleich bei der ersten Fläche gibt es Probleme, das Bauunternehmen reißt mit Pressluft-
hammer und Bagger die Betondecke der Parkplätze auf und befüllt das
Loch mit einer nicht standortheimischen Erde. Alles muss wieder raus.
Wir wollen nur Erde aus der unmittelbaren Umgebung. Beim zweiten
Mal klappt's und Lehmann sät Samen von zahlreichen standortheimi-
schen Pflanzen, die einerseits in ihrer Zusammenstellung von Februar
bis November blühen und andererseits nicht nur Bienen anlocken.
Dazu kommen Haufen aus Ästen von unterschiedlichen heimischen
Holzarten, manche frisch geschnitten, manche schon gut abgelagert –
ein Paradies für holzliebende Insekten und ein perfekter Rückzugsort.
Außerdem Haufen aus dunklen Steinen, die sich im Sommer besonders
schnell aufheizen.
»Nahrung ist nur die Tankstelle für Insekten«, erklärt mir Lehmann.
»Sie brauchen auch Lebensräume.«
Da jeder Quadratmeter zählt, will unser Biologe auch die nur knapp einen
Meter breiten Randstreifen unserer LKW-Einfahrten blütenreich gestal-

ten. Ich denke an Daniels Überlegungen zu den insektenfeindlichen Blüh-streifen in der Mitte der Autobahnen und frage, ob unsere Insekten die Kollision mit den LKWs verkraften würden. Lehmann beruhigt mich: »Erst ab 50 Stundenkilometern sind Insekten gefährdet.«

Also gebe ich auch die letzten Quadratmeter frei – wissend, dass nicht alle Mitarbeitenden von unserer Aktion *Natur zurückholen* begeistert sind. Mit jedem Presslufthammerschlag wird es für sie schwieriger, mit ihren Autos im direkten Umfeld des Unternehmens zu parken. Mein Appell, doch bitte auch die öffentlichen Verkehrsmittel zu nutzen, kommt nicht wirklich an, genauso wenig mein Angebot, dass ich die Kosten für die Tickets trage.

SEPTEMBER Ich treffe mich mit einem guten Freund. Seit Monaten will er mich überreden: »Hans, du musst dein Siegel Insect Respect endlich auf deine Hausmarke *recozit* bringen! Du wirst sonst unglaubwürdig!«

Er hat gut reden. Klar, ich weiß, dass es nicht konsequent ist, die eigenen Produkte nicht mit dem Gütesiegel auszustatten. Aber ich mache mir Sor-gen. Ich will unsere 2000 kleinen Fachhändler, die uns mitunter schon seit über 40 Jahren treu zur Seite stehen, nicht vergraulen.

»Ziel von Insect Respect ist, dass in Zukunft weniger Insekten bekämpft werden«, antworte ich meinem Freund. »Also auch weniger Insekten-bekämpfungsprodukte ge- und verkauft werden. Das verstehen viele Fachhändler nicht, auch nicht, wenn ich mir die Zeit nehme, mit ihnen persönlich zu reden. Sie werden an mir zweifeln und die Geschäftsbe-ziehung abbrechen.«

Die Forderung meines Freundes quält mich. Ich brauche eine Lösung! Auch unser Biologe Lehmann hat Mühe mit meiner Inkonsequenz. Ich bitte ihn in mein Büro und sage:

»Ich habe nachgedacht und mich entschieden: Wir machen das jetzt! Die insektizidfreien *recozit*-Produkte werden ökologisch kompensiert und erhalten genauso wie unsere Dr.-Reckhaus-Produkte die vielen Informa-tionen und das Gütesiegel.«

Lehmann ist überrascht, das hätte er nicht gedacht. Trotzdem hakt er nach: »Und was machen Sie mit den Insektiziden?«

Er gibt sich nicht zufrieden. Es reicht immer noch nicht. Ja, es reicht immer noch nicht! Ich blicke aus dem Fenster und sage:

»Am besten warne ich davor.«

Wir beide müssen über den Gedanken schmunzeln – und bei mir macht es Klick.

»Genau, das ist es! Unsere Insektizide bekommen einen Warnhinweis!«

ES GEHT DARUM, DASS INSEKTEN ÜBERHAUPT GETÖTET WERDEN

»Es geht mir nicht primär um die Gefährlichkeit von Insektiziden«, fahre ich fort. »Es geht mir auch nicht darum, ob die Insekten mit Giften oder mit giftfreien Klebefallen getötet werden. Es geht mir darum, dass Insekten überhaupt getötet werden! Aber auf keinen Fall will ich mit dem Zeigefinger kommen und sagen: Ihr dürft nicht töten! Ich will vielmehr für ein neues Verständnis für Insekten werben, für weniger Insektenbekämpfung und für mehr Insektenrespekt. Deswegen statten wir alle *recozit*-Produkte mit umfangreichen Informationen aus, inklusive Präventionstipps. Und alle Produkte, alle, bekommen einen Warnhinweis.«

Schon während ich das sage, fühlt es sich gut an. Ich bin begeistert. Und erleichtert. Jetzt kann ich auch zu *recozit* stehen. Ich habe ein Sortiment aus einem Guss. Ich schnappe mir eine Packung Zigaretten von einer Mitarbeiterin und zeige auf den Warnhinweis:

»Wie bei Zigaretten«, strahle ich Lehmann an und halte ihm die Schachtel vor sein Gesicht. Auf den genauen Wortlaut können wir uns schnell einigen:

> ### Produkt tötet wertvolle Insekten
> www.insect-respect.org

Mit dem Hinweis auf Insect Respect bieten wir den Anwendern nicht nur mehr Informationen an. Der Warnhinweis wirkt mit der Internetadresse auch gleich formeller. Mit einem Filzstift skizziere ich den Hinweis auf ein paar *recozit*-Produkte.

»Und das Beste wäre, dass dieser Hinweis der neue Standard wird! Unsere Konkurrenz kann diesen gegen Lizenzentgelt bei Insect Respect erwerben. Herr Lehmann, ein neues Geschäftsfeld. Und zwar eins mit viel Sinn.«

Mein Blick wandert durchs Büro und bleibt auf einer Dose Insektenspray hängen. Einer unserer Klassiker. Ungeziefer steht drauf. Ein Unding! Auch das werden wir jetzt ändern.

»Herr Lehmann«, fahre ich fort, »es gibt doch gar kein Ungeziefer. Was halten Sie davon, wenn wir das erste Ungezieferspray der Welt anbieten, das

Anti-Wespen-Spray, mit dessen Hightech-Ventil man die Fluginsekten auch aus drei Metern Entfernung töten kann.

Wollpullis, für die Schafe bei der Schur verstümmelt werden.

Smartphones, für deren Rohstoffe Menschen in Afrika unter widrigsten Bedingungen arbeiten.

Pflanzen, die mit ihren überzüchteten Blüten ohne Staubblätter völlig nutzlos für Insekten sind.

Immer größere und schwerere Autos, zu süße, zu fette Lebensmittel, Billigfleisch ...

Wer trägt die **VERANTWORTUNG** für all die Produkte, die unsere Märkte überschwemmen?

Das Unternehmen, das sie entwickelt, herstellt, vermarktet und verkauft? Der Subunternehmer, der entlang der Wertschöpfungskette einen bestimmten Arbeitsschritt abwickelt und kontrolliert? Der Konsument, der das Produkt kauft und es ja offensichtlich bequem, billig, immer verfügbar, repräsentativ, schnell, süß und fettig haben will?

Es ist grotesk, aber diese Diskussion führen wir tatsächlich. Meine Antwort: Wir Unternehmer sind einzig und allein verantwortlich für die Produkte, die wir produzieren und in unserem Namen produzieren lassen. Für mich als Hersteller von Insektentötungsprodukten bedeutet das: Nicht Dritte (zum Beispiel Naturschutzorganisationen) sind dafür zuständig, Insektenverluste auszugleichen, sondern ich mit meinem Unternehmen. (→ E)

den Produktnamen in Anführungsstriche setzt und aufklärt, dass das alles falsch ist.«

Lehmann verspricht, dass er sich einen schönen Infotext einfallen lässt. Ein paar Tage später diskutieren wir seinen Vorschlag:

> »Ungeziefer«-Spray: Bitte verwenden Sie dieses Produkt selten, mit Bedacht und prüfen Sie Präventions- und Rettungsmaßnahmen vor der Anwendung. Viel »Ungeziefer« verirrt sich lediglich durch einen unglücklichen Zufall ins Haus. Bringen Sie sie zurück ins Freie. Was umgangssprachlich »Ungeziefer« genannt wird, sind für Ökosysteme wichtige Insekten. Ziel ist es, dass in Zukunft weniger Bekämpfungsprodukte eingesetzt werden.

Unsere Unterlagen gebe ich an Frau Follmann aus dem Einkauf mit der Bitte, Text und Layout mit unseren Verpackungslieferanten für alle *recozit*-Produkte umzusetzen. Sie ist schockiert:

»Meinen Sie, dass das dann noch jemand kauft?«

Ich bin überrascht. Noch immer solche Fragen! Seit Tina bei uns ist, bekommen meine Mitarbeitenden kostenlose Schulungen in puncto Nachhaltigkeit. Ein Pflichttermin, alle müssen daran teilnehmen. Dabei geht es nicht um unsere Produkte oder Insect Respect, sondern ganz allgemein um das Thema. Ich will, dass meine Mitarbeitenden wissen, was auf der Welt los ist, wie Dinge miteinander zusammenhängen, wie fragil unser System ist. Ich suche nach einer Antwort:

»Sie haben natürlich recht. Ich denke auch, dass das einige vor den Kopf stoßen wird. Aber wir haben keine andere Wahl.«

Das Ende vom Lied: Circa 30 kleine Fachhandelskunden kündigen uns umgehend die Freundschaft. Hier hätten wir es nun wirklich übertrieben. Sie wollen nichts mehr mit uns zu tun haben. Der überwiegende Teil der Kunden kauft zähneknirschend weiter. *recozit* ist eine bekannte Marke und bei Kunden beliebt. Die Frage ist, wie lange noch.

OKTOBER Aufgrund von Medienberichten und meiner Vortragsaktivitäten erhalten wir praktisch jede Woche eine Anfrage für die Anlage von insektenfreundlichen Lebensräumen, vor allem von Unternehmen. Die Betriebe erkennen, dass ihre ach so schön gepflegten Rasenflächen vor ihren Gebäuden ökologische Wüsten sind – und darüber hinaus hohe Kosten verursachen.

Lehmann entwickelt sich zum Botschafter für Insekten im gesamten Bundesgebiet. Bietet ein unverbindliches Gespräch vor Ort an und erarbeitet anschließend ein konkretes Konzept: Substratboden, Pflanzen, Strukturen, Kosten für Anlage und Pflege. Seit Lehmann bei uns ist, hat er schon mehr als 30 Termine wahrgenommen. Ein Problem: Das Interesse ist zunächst groß, dann aber sind die meisten doch nicht bereit. Viele haben Sorge, dass die extensiven Flächen vor ihren Firmen »verwildern« und die Kunden aufgrund der »ungepflegten« Biotope negative Rückschlüsse auf die Produktqualität des Hauses ziehen könnten.

WAS IST SCHÖN?

»Das Problem ist optischer Natur«, sagt Lehmann zu mir, »wir müssen dringend unser Bild von Schönheit ändern. Eine wilde Blumenwiese müssen wir als schön und erstrebenswert erachten – und nicht einen grünen, kurz geschnittenen Rasen.« Ganz zu schweigen von der neuen Steinwüstenkultur, die Deutschland erfasst hat. Beton, Schotter und Kies, so weit das Auge reicht, vielleicht mit einer einzigen Zwerg-Helmlocktanne in der Mitte. Zur Optik kommen noch drei weitere Probleme hinzu:

Die Zeit: Wir setzen bewusst keine Pflanzen, wir säen und überlassen der Natur das Wachstum. Alles soll sich langsam entwickeln und miteinander einspielen. So kann ein Gleichgewicht entstehen, das lange anhält und die besten Voraussetzungen für viele unterschiedliche Pflanzen und Tiere bietet. Aber welcher Unternehmer möchte schon ein bis zwei Jahre warten? Wie bei einem Rollrasen, der innerhalb von Stunden verlegt ist, soll es bitte auch bei insektenfreundlichen Flächen gehen.

Die Kosten: Unternehmen reden viel über ihr nachhaltiges Engagement. Gleichzeitig sind sie aber nicht bereit, für unsere insektenfreundlichen Flächen Geld auszugeben – wir sprechen von 3000 Euro pro 1000 Quadratmeter. Viele Interessenten denken sogar, Insect Respect wäre ein Verein und unsere Dienstleistungen kostenlos.

Die Gesetzeslage: Das deutsche Naturschutz- und das europäische Artenschutzgesetz verfolgen einen Grundgedanken: Dort, wo sich ein natürliches Biotop mit seltenen Arten entwickelt hat, darf nichts gebaut werden – auch wenn die Fläche als Bauland ausgewiesen ist. In der Praxis führt das jedoch dazu, dass viele Unternehmen auf ihren Freiflächen keine Natur zulassen. Ihnen ist schlicht das Risiko zu hoch, dass sie im Falle einer Expansion ihres Unternehmens nicht bauen dürfen oder für die sehr aufwendige »Umsiedelung« der Arten, eventuell des gesamten Biotops, aufkommen müssen. Diese Argumentation können wir nicht aushebeln, sondern verlieren hier Möglichkeiten, wie zum Beispiel die Umgestaltung eines großen Gartens. Keine Seltenheit: Nach mehreren Terminen, fertigem Konzept und Zusage sagte die Bauherrin in letzter Sekunde ab: »Vielleicht brauchen wir die Fläche in ein paar Jahren für unsere Kinder, die dort ein Haus bauen.« Es blieb beim kurzen Einheitsrasen und exotischen Sträuchern. Auf politischer Ebene wird die Möglichkeit »Natur auf Zeit« diskutiert, aber eben nur diskutiert.

Obwohl wir unter seiner Regie mehrere Insektenflächen in der Ebene und auf Dächern angelegt haben, spüre ich, dass Lehmann ungeduldig wird und zunehmend frustriert. Wer weiß, wie lange er noch bei uns bleiben wird? Am liebsten würde er nur Insekten zählen, Bücher schreiben und der Natur zuhören. Und vermutlich widert ihn auch unser Unternehmen und die ganze Unternehmenswelt an. Mein Gefühl sollte mich nicht täuschen. Mitte 2019 wird uns unser Biologe tatsächlich verlassen.

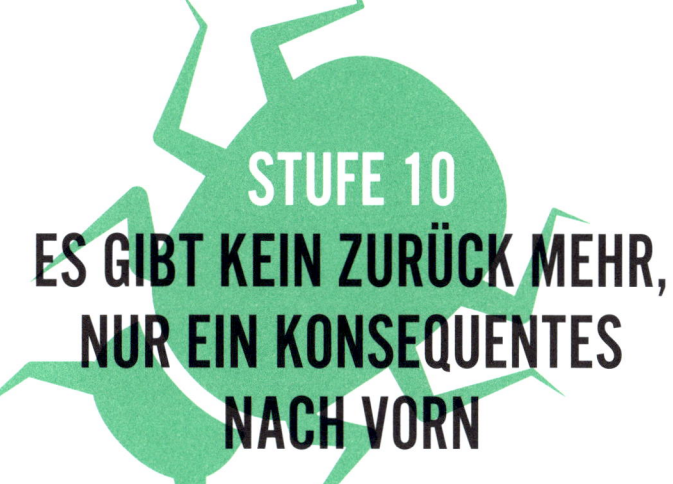

STUFE 10
ES GIBT KEIN ZURÜCK MEHR, NUR EIN KONSEQUENTES NACH VORN

2019

FEBRUAR Eine Bewerbung flattert auf meinen Tisch. Es ist nicht die erste. Seit einiger Zeit schreiben mir Menschen aus Deutschland und der Schweiz, die für uns arbeiten wollen. Top ausgebildet, mit Auslandserfahrung, guter Stelle und stattlichem Gehalt. Wenn ich mit ihnen telefoniere und ihnen sage, dass ich sie mir vermutlich gar nicht leisten kann, winken sie ab. Sie würden auch die Hälfte akzeptieren. Oder noch weniger. So wie Katja Henke, die vor ein paar Tagen bei uns angefangen hat. Sie ist die Schwester eines guten Freundes und nach 30 Jahren internationaler Hotelkarriere in ihre Heimat zurückgekehrt. Als sie von Insect Respect erfuhr, bot sie mir ihre unentgeltliche Unterstützung an. Langjährige Hoteldirektorin, dachte ich sofort, bestens für die Gesamtorganisation unserer Veranstaltungen geeignet wie den Deutschen und den Schweizer *Tag der Insekten*. Zusätzlich könnte sie sich um die zunehmenden Anfragen nach insektenfreundlichen Lebensräumen kümmern, ja auch um die gesamte Kommunikation. Letztlich einigten wir uns auf eine halbe Stelle und einen »Mindestlohn«.

MÄRZ Es war die richtige Entscheidung, mit unserem *Tag der Insekten* von Bielefeld nach Berlin zu gehen. 30 Referenten konnten wir gemeinsam mit dem Museum für Naturkunde gewinnen, darunter Josef Settele, Co-Vorsitzender des Global Assessments des Weltbiodiversitätsrates (IPBES), sowie Dave Goulson, Biologe an der University of Sussex und Co-Autor

der Krefeld-Studie. Wir haben über 300 Teilnehmer und erreichen mit gemeinsamen Aktionen im Museum weitere 1000 Personen. Neu ist, dass wir einen Schwerpunkt setzen. Dieses Mal: Wirtschaft, was kann die Wirtschaft für Insekten leisten? Vertreter von BMW, Audi, REWE und Hipp erzählen, was sie für die Sechsbeiner unternehmen. Letztlich bringt es die Journalistin Nina Ruge, die die Tagung moderiert, auf den Punkt:
»Es ist 5 vor 12. Doch um das desaströse Insektensterben wirklich stoppen zu können, muss das Thema in allererster Linie in den Herzen ankommen. Sonst diskutieren wir immer nur weiter.«

MAI Eine Stadtverwaltung lädt mich zu einem Gespräch ein. Die kleine Urbanität mit 30 000 Einwohnern möchte modern nach vorn gehen und das erste insektenfreundliche Industriegebiet Deutschlands gründen. Ihre Idee: Firmen, die sich ansiedeln, zahlen fünf Prozent weniger und müssen dafür insektenfreundliche Flächen anlegen. Ich sitze mit Bürgermeister, Wirtschaftsförderin, Bauamtsleiter und Leiter der Grünanlagen zusammen an einem Tisch. Es ist ein empathisches Gespräch. Schnell werden wir uns einig: Man darf Insect Respect nicht offiziell ausloben, aber ich könne mich darauf verlassen, dass alle Anfragen zu uns kommen. Jeden Monat stehe ich mit der Stadt im Austausch, 2020 soll es losgehen.

FRANCHISESYSTEM AUFBAUEN

Wie schon im Jahr zuvor ist es nicht die einzige Anfrage, die wir bekommen. Ich setze mich mit Tina und Katja zusammen, wir müssen reden.
»Wie wollen wir künftig vorgehen, uns wachsen all die Anfragen über den Kopf. Allein in den letzten drei Wochen kamen Anrufe und Mails aus Hamburg, Berlin, Würzburg, Weimar ... zusätzlich zu den drei neuen Insect-Respect-Ausgleichflächen, die wir gerade erst angelegt haben. Lehmann und ich können uns nicht um alles selbst kümmern. Wir müssen Leute vor Ort finden, die für uns arbeiten.«

Herr Reckhaus, Sie stellen doch noch immer Insektizide her?

Ja. Ich stelle immer noch Insektizide her!

In Phasen der Transformation kommt es zwangsläufig zu WIDER-SPRÜCHEN, die wir als Unternehmer und als Gesellschaft aushalten müssen, zumindest eine Zeit lang. Natürlich wäre es toll, von heute auf morgen aufzuhören, im großen Stil Mottenpapiere, Insektensprays und Fliegenköder zu produzieren. Doch ohne die Einnahmen aus dem alten Geschäft müsste ich den Laden schließen und nicht nur die Mitarbeitenden stünden auf der Straße. Auch mir bliebe nur die Rolle des Aktivisten, der als »Aussteiger« seinen ehemaligen Kollegen und Kontrahenten zuruft: Was ihr macht, ist schlecht! Das ist zu wenig. Es geht darum, ein Unternehmen von innen heraus zu transformieren und seine Mitarbeitenden auf dieser Reise mitzunehmen. Für einen etablierten Betrieb, der nicht unbelastet von null startet, braucht es dafür eine doppelgleisige Strategie. Ich halte das für legitim und kann das vertreten.

Aber nur, weil wir
- in das alte Geschäft nicht mehr investieren;
- die alten Produkte nicht im neuen, innovativen oder gar grünen Gewand auf den Markt werfen und deren Verkauf durch Werbung befeuern;
- den Schaden, den unsere Produkte verursachen, nicht kleinreden.

Sondern
- vor unseren Produkten explizit warnen;
- unsere Produkte mit vielen Informationen ausstatten, um Konsumenten für die Themen »Wert von Insekten« und »Bedrohung von Insekten« zu sensibilisieren;
- Tipps geben, wie man ohne unsere Produkte auskommt;
- Schaden, den unsere Produkte anrichten, kompensieren;
- Produkte entwickeln, die eine echte Alternative darstellen (Rettungsprodukte);
- ein Geschäftsfeld aufbauen, das dem alten diametral gegenübersteht (Anlage von insektenfreundlichen Flächen).

Kurz: Mit jedem neuen Produkt, mit jeder neuen Dienstleistung, mit jedem Schritt in Richtung Zukunft entwerten wir das alte Geschäft und lassen es Stück für Stück hinter uns. Letztlich sind das die Voraussetzungen dafür, dass Widersprüche auszuhalten sind, zumindest eine Zeit lang. Und es einen selbst und eine Gesellschaft nicht irgendwann zerreißt.

»Aber du weißt doch«, sagt Tina, »wie schwierig es ist, Gärtner zu finden, die Ahnung von insektenfreundlichen Flächen haben. In der Ausbildung scheinen Insekten noch immer keine Rolle zu spielen.«

»Dann müssen wir eben selbst ausbilden«, sage ich zu Tina. »Wir bauen eine Art Franchisesystem mit dazugehöriger Akademie auf. Dort machen wir in einem kostenpflichtigen Zweitagesseminar Gärtner fit für Insektenfreundlichkeit und Akquise. Ja, neben Entomologie und Botanik würde ich ein wenig Marketing und Finanzwesen präsentieren. Die Absolventen erhalten ein Zertifikat und dürfen zwei Jahre lang insektenfreundliche Lebensräume mit unserem Siegel anlegen. Danach müssen sie wieder zur Schulung kommen.«

»Für Gärtner könnte sich das auszahlen«, sagt Tina, »sie erhalten Wissen, das ihre Kollegen nicht haben, und bekommen dadurch mehr Aufträge. Und die Unternehmen können mit Insect Respect werben, in ihren Nachhaltigkeitsberichten und ihren Geschäftspartnern gegenüber.«

»Wir brauchen einen Entrepreneur zum Aufbau des Franchisesystems«, schlägt Katja vor, »am besten einen insektenaffinen Landschaftsgärtner mit Kommunikationstalent. Lasst uns gezielt suchen.«

Wir werfen uns zu dritt noch ein paar Bälle zu, die Idee könnte Potenzial haben, auch finanziell. Außer Lizenzgelt für unser Siegel zu verlangen, könnten wir einen Strauß an Dienstleistungen anbieten: Führungen über die Flächen, Vorträge über Nachhaltigkeit, redaktionelle Beiträge für Mitarbeiterzeitungen, Pressemitteilungen, feierliche Eröffnungen mit der regionalen Presse ... wir haben in den letzten Jahren in vielen Bereichen Know-how gesammelt. Und wer weiß: Vielleicht schaffen wir mit einem Franchisesystem ja sogar den Sprung ins Ausland.

Bevor wir auseinandergehen, einigen wir darauf, Stellenanzeigen in Fachmagazinen zu schalten. Außerdem wollen wir unser mittlerweile großes Netzwerk nutzen. Es soll aber bis Januar 2020 dauern, bis wir eine geeignete Person finden.

JUNI Frank und Patrik rufen an. Ich freue mich, sie zu hören, wir sind Freunde geworden und sehen uns etwa alle drei Monate.

»Können wir uns kurzfristig treffen?«, fragt Patrik. »Wir möchten etwas mit dir besprechen.«

Zwei Tage später sitze ich bei ihnen im Atelier.

»Für den ersten Klimatag der Schweiz soll 2020 ein millionenschweres, nationalweites Projekt aufgelegt werden«, sagt Frank. »Es sollen möglichst viele Schweizer und Schweizerinnen mitmachen, man will Bewusstsein fördern.« Die Politik hat eine große Züricher Kreativagentur gebeten, das Projekt auszuarbeiten. Und diese Agentur hat wiederum Frank und Patrik angefragt, ob sie dafür tolle Ideen hätten.

»Wir haben sofort an dich gedacht und ans Fliegenretten«, sagt Frank. »Was denkst du, würdest du für eine schweizweite Rettungsaktion bereitstehen?«

»Ihr wollt tatsächlich alle Bürger zum Fliegenretten aufrufen?«

»Genau«, sagt Patrik, »jeder soll eine Stubenfliege mit einem Glas fangen und per Bahn nach Bern zum Bundesplatz bringen. Dort findet eine große Demonstration von Stubenfliegen statt, die abends wieder von ihren Rettern zurückgebracht werden.«

Die beiden schwärmen von starken Bildern, die dort in Bern entstehen würden, von den unüblichen Reisebegleitern und von der ganz persönlichen Beziehung, die jeder Retter mit seiner Fliege aufbaut. Die Idee ist einfach und bewegend zugleich. Ich sage meine Unterstützung zu. Tage später führe ich mit einem leitenden Agenturmitarbeiter ein langes Gespräch per Skype und bestätige die Ernsthaftigkeit der beiden und die Machbarkeit des Vorhabens. Die Idee wird ausgearbeitet, von Frank und Patrik präsentiert, die Zuhörer sind beeindruckt, wünschen weitere Informationen, doch Wochen später kommt die Absage. Zu kompliziert, zu aufwendig, zu absurd.

ALDI NORD UND MÜCKEN IN ISLAND

Viel Zeit, darüber nachzudenken, habe ich nicht. Aldi Nord hat zugesagt – auch sie wollen Insektenbekämpfungsprodukte mit Insect Respect ausstatten. Und zusammen mit meiner Familie geht es nach Island in den Sommerurlaub.

Mit einem Mietauto fahren wir über die Insel und besuchen Sehenswürdig-
keiten. Am siebten Tag stehen Krater, Grotten und Tuffsteinformationen
auf dem Programm, die alle in der Nähe eines größeren Sees liegen. Wir steigen aus dem Auto aus – und schon nach wenigen Minuten sitzen auf der Küh-
lerhaube zahlreiche Mücken. Ich frage mehrere Einheimische, warum das
so sei. Erfolglos. Auch eine junge Studentin, die hinter dem Tresen der Tou-
risteninformation sitzt, weiß es nicht genau, erzählt mir aber, dass es einen
Professor aus Reykjavik gibt, der sich hier jeden Sommer mit Studierenden
aus aller Welt trifft und forscht. Der See ist nicht nur ein weltweit einzig-
artiger Hotspot für Mücken, sondern auch für diverse Vögel und Fische, die
sich von den Mückenlarven ernähren.

Ich klinke mich aus dem Familienprogramm aus und lasse meinen Blick
schweifen. Etwa 20 Bauernhäuser stehen weit verstreut am Ufer – wenn es
sein muss, werde ich überall klingeln, ich will den Professor unbedingt finden. Ich habe Glück, nach einer halben Stunde öffnet mir ein Mann mit
grauen Haaren und Dreitagebart die Tür und ich weiß sofort, dass ich hier
richtig bin. Er heißt Árni Einarsson und ist *der* Mückenexperte Islands. Zwei
Stunden nimmt er sich für mich Zeit. Glücksminuten, die mich in meinem
Tun bestärken. Insekten sind die Basis für eine artenreiche, gesunde Welt.

Menschen sollten nie aufhören, nach ihrem X zu suchen, das sie wirklich ausmacht, berührt und antreibt.

Und Unternehmer sollten ihre Ge-
staltungsfreiheit dafür nutzen,
dieses X zum Fundament ihres
Unternehmens zu machen.
Alles andere ist ein fades
Arrangement. (➜ N)

SEPTEMBER In Zürich bekomme ich den *Energy Globe Award Switzerland* überreicht. Für den »Weltpreis für Nachhaltigkeit« bewerben sich jedes Jahr mehr als 2000 Projekte weltweit und diesmal bin ich unter den Gewinnern, weil »Dr. Reckhaus«, so das Urteil der Jury, »mit dem Gütesiegel den Insekten eine andere Bedeutung gegeben hat.«

Zuvor treffe ich Frank und Patrik auf dem Deck eines Parkhauses – mitten im Wirtschaftsviertel der Stadt. Patrik zeigt mir die Plakette, die sie zur Manifestierung ihrer *Artonomie AG* an der obersten Stelle des Gebäudes montiert haben.

»Wir wollen weiterhin Störungen produzieren, die aus dem Dialog Kunst und Wirtschaft hervorgehen. Und dafür haben wir genau hier die *Artonomie* ausgerufen,« erklärt er mir. Und ich, den die beiden schon vor Jahren zum ersten Artonomisten gekürt hatten, möge doch bitte mit einem Megafon ein Plädoyer halten – für ein anderes Wirtschaften.

Natürlich haben sie mir ihr Vorhaben schon zuvor erläutert und ich konnte eine Rede vorbereiten. Ich schnappe mir das Megafon und höre meine Stimme zwischen den Versicherungs- und Banken-Headquarters hallen:

»Seit über 60 Jahren stellt unser Familienunternehmen Insektentötungsprodukte her«, fange ich meinen Vortrag an. Spreche über die Kunst, die mich wachgerüttelt und die Ethik in mein Geschäft gebracht hat. Über unseren immensen Ressourcenverbrauch und wie es nun weitergehen muss.

Zuerst ist es komisch und ich denke: Hans, was machst du hier? Doch dann tut es irgendwie gut. Das Anschreien dieser Verwaltungsgebäude, dieser Versuch, die Wahrheit in die Realität zu bringen. Ich weiß, es sind Vorurteile. Aber in diesem Moment fühle ich, dass die Menschen, die zu Hunderten in ihren Büros hocken, unreflektiert ihrer Arbeit nachgehen. Sie tun etwas, das falsch ist, und sind nicht bereit, ihren Wahnsinn für ein paar Minuten zu unterbrechen. Selbst dann nicht, wenn ein Mann in dunkelblauem Anzug auf einem Parkdeck steht und sie am helllichten Tage durch ein Megafon anbrüllt.

ICH KANN NICHT MEHR WARTEN

Viel Zeit haben wir nicht. Ich muss zur Verleihung. Zusammen mit zwei Assistenten von Frank und Patrik – die beiden Künstler nennen sie ihre Komplizen –, die meine Rede gefilmt haben, fahren wir mit der Straßenbahn zur österreichischen Wirtschaftsförderung. Dort wird mir der Preis übergeben, weil der Gründer des Awards, Wolfgang Neumann, ein Österreicher ist.

»Was soll ich bei der Verleihung sagen?«, lasse ich Frank und Patrik an meinen Überlegungen teilhaben.

Es dauert nur wenige Minuten und wir sind uns einig: Ich halte die gleiche Rede wie eben und rufe die Artonomie aus. Denn ohne Kunst gäbe es kein Insect Respect.

»Aber mit Megafon, Hans!«, sagt Patrik.

Ich stocke, kurz tut es weh, dann lachen wir laut. Ja, natürlich, mit Megafon. Die Wirtschaftsförderung empfängt uns sehr nett, kleine Häppchen und Sekt stehen bereit. Ich bin der einzige Preisträger in der Schweiz. Nach der Laudatio kommt die Megafon-Rede. Das Publikum ist versteinert. Im wahrsten Sinne des Wortes.

Von Zürich aus geht es nach Berlin, um mich mit Olaf Zimmermann vom Deutschen Kulturrat, Dachverband aller deutschen Kulturverbände, zu treffen. Der Geschäftsführer hat von meinem Insektenengagement gelesen und möchte »über Aktivitäten für einen neuen kulturellen Umgang mit Insekten« reden. Schließlich gehe es um Bewusstseinsbildung, innere Haltung, das Aushandeln gesellschaftlicher Prozesse. Kurz nacheinander finden zwei weitere Gespräche statt, zu denen auch Katja und Tina mitkommen. Und gemeinsam finden wir einen weiteren Partner, der uns bereits bekannt ist: das Kompetenzzentrum Kultur- und Kreativwirtschaft des Bundes. Die von der Bundesregierung unterstützte Organisation hatte Frank, Patrik und mich schon zweimal für Vorträge eingeladen. Schnell sind wir uns einig: Der *Tag der Insekten* 2020 wird in Kooperation mit dem Kulturrat und dem Kompetenzzentrum das Schwerpunktthema »Kultur«

aufgreifen. Denn wir müssen weniger über Insekten als viel mehr über uns Menschen reden. Nicht Sechsbeiner sind das Problem, sondern Zweibeiner.

OKTOBER Ein paar meiner treuesten Kunden wollen zu unseren *recozit*-Produkten einen passenden Verkaufssteller für ihre Läden haben, weil sie einfach praktisch sind: Alles für die Insektentötung auf einen Blick. Das bestehende Design für die Ständer kommt aus dem Jahr 2008. Dazu kann ich nicht mehr stehen, vor allem nicht, seitdem wir den Warnhinweis »Produkt tötet wertvolle Insekten« auf unsere »Ungeziefer«-Sprays, Klebefallen und Köderdosen drucken. *Alltag* bekommt den Auftrag, neue Ständer zu designen – und was sie mir zeigen, verschlägt mir die Sprache. Ein Ständer rundum mit einem Blumenmuster bedruckt, wunderschön, doch ganz oben stehen auf einem weißen Topschild groß und schwarz geschrieben: »Töten Sie achtsam.« Sonst nichts.
Ich bin schockiert. *Alltag*-Geschäftsführer Marcus lässt mich eine Minute durchatmen, dann sagt er:
»Wir haben lange diskutiert. Aber diese drei Worte bringen es aus unserer Sicht auf den Punkt. Es geht um mehr Respekt vor den Insekten – und dass die Konsumenten sie bewusster bekämpfen. Hans, du weißt, Botschaften müssen scharf sein, um Menschen zu erreichen.«
Ich denke nur: »Das ist ein Angriff auf den Konsumenten und auf den Handel! Das kann ich mir nicht erlauben. Das geht zu weit.«
Marcus und sein Team verstehen, dass ich Zeit brauche. Ich verlasse die Agentur und fahre nach Hause. Auch meine Frau ist schockiert. Im Zeitraffer laufen die vergangenen Jahre vor meinem inneren Auge ab. Was für ein Ritt, haarsträubend und qualvoll, aber auch bereichernd und bewegend. Nach zwei Tagen gebe ich den Entwurf ohne Änderungen frei. Die Aufsteller werden gedruckt.

2020

FEBRUAR Unsere Stellenanzeigen zahlen sich aus. Mit Sandra Meier führe ich zwei lange Gespräche. Zusammen skizzieren wir, wie sie das Insect-Respect-Franchisesystem für Gärtner bundesweit aufbauen kann. Wir sind uns einig, doch dann erreicht Corona Deutschland. Die Lage spitzt sich zu – und es ist abzusehen, dass kein Unternehmen in den nächsten Monaten in insektenfreundliche Lebensräume investieren wird. Ich bitte um Zeitaufschub und kümmere mich um ein »altes« Projekt, an dem ich seit über einem Jahr arbeite. Ein Fruchtfliegenretter, der die Tiere nicht tötet, sondern nur anlockt und im Inneren eines Zylinders festhält – bis man sie nach draußen bringt und fliegen lässt. Ob unsere großen Handelspartner das Produkt haben möchten? Mit ziemlicher Sicherheit nein. Schon während unserer Laborphase im vergangenen Sommer hatte ich mal bei einem Geschäftstermin einen Prototyp dabei. Die Einkäuferin fand unsere neue Lebendfalle »toll«, doch letztlich riet ich ihr von einer Listung ab, der Konsument würde das Produkt nicht verstehen. Wer will schon Fruchtfliegen retten, die kommen doch sofort wieder rein …

Ich habe trotzdem nicht aufgehört, unseren kleinen Retter zu optimieren. Zu sehr haben mich unsere normalen Fruchtfliegenfallen genervt. Apfelessig lockt die Tierchen an, dann bleiben sie an einem Kleber haften.

Mein Wirtschaftsprüfer Herr Berger präsentiert mir die Geschäftsbilanz 2019: Seit 2015 habe ich ein Viertel meines Umsatzes und über drei Viertel meiner Rendite verloren.

»Du darfst dein Unternehmen nicht so vernachlässigen«, denke ich. »Du musst auch für das konventionelle Geschäft neue Produkte entwickeln, Prozesse optimieren. Das ist hier keine Selbstverwirklichungsoase!«

 ES GEHT NICHT NUR UM ZAHLEN!

Unangenehm kühl fühlt sich mein Büro plötzlich an. Doch ich schiebe die Gedanken beiseite. Es geht nicht nur um Zahlen. Es geht darum, Dinge voranzubringen. »Herr Berger«, sage ich, »können Sie mir eine genaue Aufschlüsselung geben: Wie viel Umsatz machen wir mit Insektiziden, wie viel mit Insect Respect?«

Hört sich schon besser an. Der Bereich Insektizide ist im Vergleich zu 2015 um mehr als 40 Prozent eingeknickt. Dafür zeichnet unser Gütesiegel inzwischen pro Jahr mehr als zwei Millionen Packungen aus – wenn nur ein Viertel der Konsumenten unsere Informationen auf der Verpackung lesen, sind das schon mal rund 500 000 Menschen, die wir mit unseren Produkten erreichen und gegebenenfalls sensibilisieren.

Wir müssen den Hebel umlegen. Nicht weil wir in der Pflicht stehen, unseren Kindern und Kindeskindern eine bessere Welt zu hinterlassen – was natürlich richtig ist und sich gut anhört. Sondern weil wir der einfachen ethischen Logik folgen müssen: Wer zerstört, räumt hinterher wieder auf. (→ E)

Und dennoch brauchen wir auch ein generationenübergreifendes Miteinander. Ob YOUNGSTER oder Oldie spielt hier keine Rolle mehr. Wir müssen voneinander lernen. Wir müssen aufeinander zugehen, respektvoll, visionär, und uns gegenseitig motivieren. So entsteht eine große Bewegung, die allen ein Angebot unterbreitet – mitzuwirken, mitzugestalten, mitzuverändern. (→ Q)

»Ich habe die Zahlen verstanden, wir müssen aufpassen, aber wir werden den Kurs nicht ändern«, sage ich zu Herrn Berger, der versucht, zuversichtlich zu wirken.

MÄRZ Tina, Katja und ich diskutieren über unsere geplanten Veranstaltungen. Aufgrund von Corona müssen wir den *Tag der Insekten* auf das Folgejahr verschieben. Tina schlägt stattdessen eine *Stunde der Insekten* vor, online, via Zoom, einmal im Monat, mit wechselnden Referenten und unterschiedlichen Schwerpunktthemen. Ich denke an meine schlechten Geschäftszahlen, an Herrn Berger, an unsere Hausbank, an meine Mitarbeiter – und bitte Tina um eine Budgetplanung: Wie viel wird uns das kosten? Im Gegensatz zu den großen Veranstaltungen hätten wir bei der *Stunde der Insekten* noch keine Sponsoren und müssten alles selbst bezahlen. Ein fünfstelliger Betrag! Ich sage trotzdem zu, im Mai wollen wir starten.

Genauso entscheiden wir uns für unseren kleinen Fruchtfliegenretter. Auch wenn ökonomisch vieles dagegenspricht, er macht einfach nur Sinn und gehört raus aus dem Labor, hinein in die Welt. Also lassen wir ihn jetzt produzieren. Eine rundum runde Sache:

Zylinder und Trichter: 100 Prozent recyceltes PET;

Sockel, der die drei Teile stabil zusammenhält: 100 Prozent Altpapier;

Integrierter Lockstoff: natürlicher Apfelessig, dessen Duft über einen Docht über acht Wochen hinweg konstant an die Raumluft abgegeben wird;

Verpackung: klimaneutral bedruckt, konfektioniert in einer Werkstätte für Menschen mit Behinderung;

Dazu ein Buch mit Informationen und Präventionstipps, damit die Anwender die Insekten dort lassen können, wo sie hingehören. In der Natur. Für die aktive Insektenförderung fließen mit jedem verkauften Produkt zehn Cent direkt in insektenfreundliche Lebensräume.

Fürs Layout gehe ich zu *Alltag*. Sie sollen nicht nur dem Retter einen geeigneten Auftritt verschaffen. Sondern auch die anderen vier Produkte auffrischen, die wir unter dem Namen Dr. Reckhaus vertreiben: die gelbe Fliegenscheibe, mit der 2010 alles begann, und die drei Fallen gegen Lebensmittelmotten, Kleidermotten und Fruchtfliegen. Ein großes Ganzes soll entstehen aus Retten, Fördern, Töten, Kompensieren.

MAI Ich schaue unsere vier »alten« Dr.-Reckhaus-Produkte an. Mal wieder. Seit Wochen geht mir die Frage durch den Kopf: Warum produziere ich sie eigentlich? Besonders das Produkt gegen Lebensmittelmotten läuft gut. Dabei ist es völlig unnötig. Der Lockstoff zieht nur die männlichen Tiere an. Die Weibchen sorgen weiterhin für Nachwuchs. Effektiver ist es, die befallenen Lebensmittel in der Biotonne oder dem Kompost zu entsorgen, gute Ware in verschließbare Gläser zu füllen und den Schrank mit Essigwasser auszuwischen. In unseren Begleitheftchen steht das drin – aber irgendwie greifen die Kunden dann doch zur Falle und wiegen sich in Sicherheit.

DR. RECKHAUS STEHT FÜR INSEKTENRETTUNG

Ich setze mich an den Computer und schreibe eine Mail an *Alltag*. Der zentrale Satz: »Dr. Reckhaus steht nur noch für die Insektenrettung. Die vorhandenen vier Tötungsprodukte werden eingestampft.«
Ich weiß, dass ich damit nicht nur aus den kleinen, inhabergeführten Bioläden herausfalle, sondern auch aus größeren Handelsunternehmen. Trotzdem fühlt es sich richtig an. Vor Produkten warnen und Schäden kompensieren ist gut, reicht aber nicht aus. Wir müssen vollständig auf unnötiges Töten verzichten. Wenigstens mit meiner eigenen Marke Dr. Reckhaus will ich diesen Schritt gehen. Er ist nicht nur folgerichtig, sondern überfällig. Fast schon beschämend, wie lange ich dafür gebraucht habe. Vor neun Jahren haben Frank und Patrik mir ihre erste Idee für einen Lebendretter präsentiert. Neun Jahre.

JUNI Ich konnte einen neuen Geschäftsführer finden, der mich vom konventionellen Alltagsgeschäft entlasten soll. Zum Auftakt nehme ich ihn mit zu einem unserer großen Kunden. Schon vor ein paar Wochen habe ich mit dem neuen Chefeinkäufer einen Termin vereinbart, nicht um ein konkretes Produkt zu präsentieren. Ich will ihn kennenlernen und mit ihm ganz grundsätzlich über die Zukunft meiner Branche sprechen. So, wie ich sie sehe.

Vor zehn Jahren habe ich begonnen, mein Unternehmen zu drehen. Und vielleicht werde ich noch einmal zehn Jahre brauchen, bis ich mein Ziel erreicht habe: die Transformation eines Industrieunternehmens zu einem Kulturunternehmen. Das ist die ZUKUNFT. Was meine ich damit? Ich will es an einem Beispiel erklären.

Ich kenne Messen seit Jahrzehnten. Schon mit meinen Eltern bin ich jedes Jahr aufs Neue zu diesen uninspirierten Veranstaltungen gefahren, um zwischen lieblos beklebten Standmodulen unsere Produktneuheiten zu präsentierten. Die Logik dahinter: Kauft mich! Ich fand das immer langweilig, ein Pflichttermin. Und ich war zunächst nicht wirklich begeistert, als es 2016 darum ging, an der Biofach mit unserer Fliegenscheibe und unserem Gütesiegel teilzunehmen. Ich habe mich darauf eingelassen unter der Prämisse, dass wir nicht nur zeigen, was wir herstellen, sondern auch einen *kulturellen Beitrag* leisten im Sinne von Bewusstseinsbildung. Indem wir Fragen stellen und uns Fragen stellen lassen. Denkprozesse anstoßen und selbst bereit sind, relevante Probleme anzugehen. Einen Raum schaffen für Neuorientierung und Austausch. Bewegen statt verführen.

Dafür haben wir uns vier Jahre hintereinander Aktionen und Installationen ausgedacht – ein Wohnzimmer, das auf dem Kopf steht (→ S. 129), ein reich gedeckter Küchentisch, so riesig, wie ihn eine Fliege durch ihre Facettenaugen sieht (→ S. 142) – und uns 2020 entschieden, noch einen Schritt weiter zu gehen. Denn letzten Endes verbrachten wir genauso wie die anderen gut 3000 Unternehmen vier Tage an unseren Ständen. Mit all unserer Energie und all unserer Zeit. Für mich ist das nicht mehr zeitgemäß. Wir müssen aufhören, nur zu reden. Jede Stunde zählt. Insofern blieb unser diesjähriger Stand auf der Biofach leer. Zu sehen gab es praktisch nur eine graue Wand. Darauf stand in großen, orangefarbenen und grünen Buchstaben geschrieben: »Wir stehen hier nicht rum. Wir handeln. Insect-respect.org«.

Ich lade jedes Unternehmen ein, sich mir anzuschließen. Damit unsere überfüllten und zugeramschten Messelandschaften allmählich durchbrochen werden – von punktuellen Freiflächen, die sich nach und nach verbinden zu Inseln des Aufbruchs.

Das Bewusstsein wächst: Insekten sind wichtig. Insofern werden Marken zunehmend ins Hintertreffen geraten, die jetzt nicht anfangen, proaktiv zu handeln: Kunden aufklären, Schäden offenlegen, sich einsetzen für Insektenwohl und Artenvielfalt. Ein erster Schritt in Richtung Glaubwürdigkeit: Sortiment verkleinern – zumindest um die gefährlichsten insektiziden Produkte. Ameisenpulver ist bienentoxisch, Mottenschutzsäckchen mit Transfluthrin krebserregend, Insektenspray mit Permetrin wahrscheinlich krebserregend und hochgradig katzengefährlich …

Die Botschaft ist ihm zu radikal. Wie die meisten Einkäufer will auch er nicht weniger Produkte, sondern mehr Produkte, die er ins Regal stellen kann.

JULI Mitte des Monats treffe ich Tina und Jelena in Bielefeld. Wir wollen unseren Fruchtfliegenretter Presse und Kunden vorstellen. Live gestreamt über Youtube. Frank und Patrik können wegen Corona nicht kommen. So auch viele, die ich gern eingeladen hätte. Aber meine Eltern lassen es sich nicht nehmen, bei der Premiere des weltweit einzigartigen Produktes dabei zu sein. Vergnügt und stolz reden sie mit der Presse, *Westfalen Blatt* ist gekommen und die *Neue Westfälische*. Auch Gundi Diering hat sich zusammen mit ihrem Mann auf den Weg gemacht, was mich besonders freut. Ich habe den beiden viel zu verdanken. Wie wäre unsere Geschichte gelaufen, wenn Gundi ihre Tür und ihr Herz vor acht Jahren nicht geöffnet hätte? Außerdem ist Landschaftsgärtner Helge Jung da, mit dem ich viele Insect-Respect-Projekte zusammen geplant habe, und schließlich einige Lieferanten, die am Produkt mitgearbeitet haben.

Aufgrund der Ansteckungsgefahr feiern wir das neue Produkt draußen vor der Firma. Ich begrüße die Gäste, erzähle über Insekten und plädiere für ein Umdenken: »Genauso, wie wir gelernt haben, bewusster mit Strom, Wasser und vermeintlichem Müll umzugehen, so müssen wir nun lernen, bewusster mit Insekten umzugehen und sie möglichst nicht mehr zu töten.« Danach übergebe ich das Zepter an meine Mitarbeitenden. Sie stehen an den geöffneten Fenstern unseres dreistöckigen Verwaltungsgebäudes. Jeder von ihnen hat ein Seil in der Hand, das am anderen Ende mit einem großen weißen Tuch verknüpft ist. Die Mannschaft zieht daran und enthüllt dadurch unseren kleinen Retter, der auf einem Podest neben mir steht. Mit dem Produkt in der Hand sage ich vor der laufenden Kamera von Jelena: »Befreit uns Menschen von Fruchtfliegen ohne zu töten. Und befreit zugleich die Fruchtfliegen von uns Menschen.«

Nach der Präsentation kommt ein Lieferant auf mich zu. Er ist überwältigt und sagt: »Herr Reckhaus, Sie bekommen auf alle von mir gelieferten Dr.-Reckhaus-Materialien nachträglich 50 Prozent Rabatt.« Ein großer Betrag! Damit steht die Finanzierung unserer *Stunde der Insekten*.

Uns ist allen klar: Es braucht ein großes gesellschaftliches Umdenken – nicht nur, um das Insektensterben zu stoppen. In den letzten zehn Jahren habe ich erlebt, dass scheinbar Unmögliches möglich werden kann. Dass die dringend notwendige, radikale und konsequente Neuausrichtung machbar ist. Wir können über unsere vermeintlichen Grenzen hinauswachsen und unsere utopischen Ideen fliegen lassen.

INSEKTEN SCHÜTZEN UND FÖRDERN

Tipps, die sich einfach und schnell umsetzen lassen

- Insekten, die sich in unser Haus verirren, vorsichtig fangen, zum Beispiel mit einem Glas, und nach draußen bringen.
- Fenster, die oft geöffnet werden, mit Insektengittern versehen.
- Auf Außenleuchten so gut es geht verzichten. Sie sind besonders für Fluginsekten eine tödliche Gefahr, ihr Licht zieht die Sechsbeiner in der Dunkelheit magisch an. Viele kommen durch den Aufprall ums Leben. Andere verbrennen oder fallen nach unzähligen Umrundungen vor Erschöpfung zu Boden. Insektenfreundlicher sind warmweiße LED-Lampen.
- Lebensmittel von Biobetrieben bevorzugen. Auf ihren naturnahen Flächen lassen sich mehr Insekten finden als beim konventionellen Anbau, darunter auch seltene und gefährdete Arten.
- Weniger Fleisch essen – ein Viertel der eisfreien Erdoberfläche ist laut der Welternährungsorganisation FAO inzwischen Weideland und damit für Insekten so gut wie verloren. Hinzu kommen gigantische Flächen allein für den Futtermittelanbau.[1]
- Weniger Auto fahren und damit verhindern, dass Insekten gegen unsere Frontscheibe schlagen und immer mehr Natur für immer neue Straßen versiegelt werden.
- Im Garten insektenfreundliche Lebensräume schaffen. Beispielsweise mit standortheimischen Blumenwiesen und Wildstauden, Wurzelstöcken, Asthaufen und Trockenmauern.
- Auch Balkone lassen sich insektenfreundlich gestalten, hier bieten sich Schling- und Kletterpflanzen für die Wände an wie Waldrebe, wilder Hopfen oder Rosen. Oder man setzt für Töpfe und Kübel auf eine Mischung aus Rainfarn-Phazelie, Färberkamille, Weißer Gänsefuß und Gemeine Scharfgabe – diese vier Pflanzen sind bei Insekten sehr begehrt.
- Sich informieren, Freunden und Familie vom Wert und Rückgang der Insekten erzählen.
- Organisationen unterstützen, die sich für Insekten starkmachen, mit Spenden oder ehrenamtlichem Engagement.

---

1 http://www.fao.org/animal-production/en/

BÜCHER UND LINKS

Tipps zum Weiterlesen und Informieren

Insekten

May Berenbaum: *Blutsauger, Staatsgründer, Seidenfabrikanten. Die zwiespältige Beziehung von Mensch und Insekt.* Darmstadt 1997

Heinrich-Böll-Stiftung: *Insektenatlas 2020. Daten und Fakten über Nütz- und Schädlinge in der Landwirtschaft.* Berlin 2020, 2. Auflage (Gratis-Download über https://www.boell.de/de/insektenatlas)

Hans-Dietrich Reckhaus: *Warum jede Fliege zählt. Eine Dokumentation über Wert und Bedrohung von Insekten.* Eigenverlag, Bielefeld 2019, 5. Auflage (Gratis-Download über https://bit.ly/WJFZBuch)

Insect Respect: *Kleine Riesen. Filmischer Appell für mehr Respekt vor Insekten.* 2017 (https://bit.ly/KleineRiesenIR)

Nachhaltigkeit und Gesellschaft

Maja Göpel: *Unsere Welt neu denken.* Berlin 2020

Harald Welzer: *Alles könnte anders sein. Eine Gesellschaftsutopie für freie Menschen.* Berlin 2019

Franz Hohler: *Der Weltuntergang. Ein Lied.* (https://www.youtube.com/watch?v=6NryC0Yko50)

www.rightlivelihood.org (Alternativer Nobelpreis)

Unternehmertum

Herbert Cerutti: *Wie Hans Herren 20 Millionen Menschen rettete. Die ökologische Erfolgsstory eines Schweizers.* Zürich 2011

Yvon Chouinard: *Let my people go surfing. The Education of a Reluctant Businessman.* New York 2016

Hergé: *Tim und Struppi. Reiseziel Mond* (Bd. 15) und *Schritte auf dem Mond* (Bd. 16). Hamburg 1998

Bertram Piccard/Brian Jones: *Mit dem Wind um die Welt. Die erste Erdumkreisung im Ballon.* München 1999

Kunst und Wirtschaft

www.artonomie.com
www.e-c-c-e.de
www.fliegenretten.de
www.kreativ-bund.de
www.sonderaufgaben.ch

Klimaneutral
Druckprodukt
ClimatePartner.com/12752-1803-1001

Zum Ausgleich für die entstandene CO2-Emission bei der Produktion dieses Buches unterstützen wir die Erhaltung und Wiederaufforstung des Kibale-Nationalparks in Uganda. Das Projekt trägt zum Klimaschutz bei, indem die Bäume bei der Fotosynthese Kohlenstoff aus der Luft binden, es schützt die Biodiversität des tropischen Waldes und sichert 260 Arbeitsplätze.

Das verwendete Papier Pergraphica® ist FSC-zertifiziert, stammt aus nachhaltigem Holzanbau und trägt das EU Ecolabel.

Bibliografische Information der Deutschen Nationalbibliothek
Die Deutsche Nationalbibliothek verzeichnet diese Publikation in der Deutschen Nationalbibliografie; detaillierte bibliografische Daten sind im Internet über http://dnb.d-nb.de abrufbar.

Lektorat: Heike Littger
Druck und Bindung: Steinmeier GmbH & Co. KG, Deiningen
Printed in Germany

ISBN 978-3-86774-663-2

Besuchen Sie unseren Webshop: www.murmann-verlag.de
Ihre Meinung zu diesem Buch interessiert uns!
Zuschriften bitte an info@murmann-publishers.de
Den Newsletter des Murmann Verlages können Sie anfordern unter
newsletter@murmann-publishers.de